Uta Reichenbach
Gabriele Lehari

Sinnvolle Beschäftigung

Müller Rüschlikon

Impressum

Einbandgestaltung: Kornelia Erlewein
Reihengestaltung: Petra Pawletko
Titelbild: Dr. Gabriele Lehari
Bildnachweis: Beate Konstantinou: S. 41, 68, 69
James Cook @ www.fotolia.de: S. 12 li., 22 u., 42
Bilder im Kolumnentitel: Beate Schwarz, http://fotografie.com-werkstatt
Alle Übrigen Fotos stammen von Dr. Gabriele Lehari.

Die in diesem Buch enthaltenen Hinweise und Ratschläge beruhen auf in jahrelang gemachten Erfahrungen und gesammelten Erkenntnisse in praktischer und theoretischer Arbeit mit Hunden im Hundesportbereich wie im Hundealltag. Alle Angaben wurden gründlich geprüft. Eine Haftung der Autorinnen oder des Verlages und seiner Beauftragten für Personen-, Tier-, Sach- und Vermögensschäden ist ausgeschlossen.

ISBN 978-3-275-01929-8

Postfach 103743, 70032 Stuttgart
Ein Unternehmen der Paul Pietsch Verlage GmbH & Co. KG
Lizenznehmer der Bucheli Verlags AG, Baarerstr. 43, CH-6304 Zug

1. Auflage 2013

Sie finden uns im Internet unter **www.mueller-rueschlikon-verlag.de**

Lektorat: Claudia König
Innengestaltung: Petra Pawletko
Druck und Bindung: KoKo Produktionsservice, 70900 Ostrava
Printed in Czech Republic

Inhalt

Einführung

1

2

3

Einführung

Einführung

Warum muss ein Hund sinnvoll beschäftigt werden?

Seit Jahrtausenden lebt der Hund in enger Gemeinschaft mit dem Menschen. Obwohl er immer noch sowohl vom Äußeren als auch von bestimmten Verhaltensweisen her dem Wolf recht ähnlich sein kann, muss er nicht mehr wie seine Vorfahren im Rudel um das Überleben kämpfen, indem er seine Nahrung erbeutet und seine Familie vor Feinden schützt. Als domestiziertes Tier wird er von Menschen gefüttert, gepflegt und beschützt. Somit fallen viele notwendige Aktivitäten weg, die den Alltag der Wildtiere bestimmen und durch welche sie gefordert und beansprucht werden. Dafür wurden die meisten Hunde bis vor nicht allzu langer Zeit für bestimmte Aufgaben und Arbeiten gezüchtet. Gezielt versuchte man, bei den verschiedenen Rassen die für deren Tätigkeit erforderlichen Merkmale züchterisch zu verbessern, um Hunde zu erhalten, die ihrer Arbeit zuverlässig und wie gewünscht nachgehen konnten. Somit entstanden die unterschiedlichsten Rassegruppen, deren Vertreter sich bezüglich Ansprüchen, Umgang und Verwendung sehr stark unterscheiden können.

Heutzutage hat aber nun auch die Vielzahl der für bestimmte Aufgaben gezüchteten Hunde ihre Arbeit verloren. Welcher Hütehund muss heute schon eine große Viehherde jeden Tag hüten oder treiben? Und wie viele Apportierhunde dürfen noch ihrer ursprünglichen Tätigkeit nachgehen, indem sie das erlegte Wildbret suchen und ihrem Menschen bringen? Auch werden viele der früher als Wach- und Schutzhunde verwendeten Rassen nicht mehr zum Bewachen von Haus und Hof und zum Schutz ihrer Familie eingesetzt. Und wer traut heute seinem kleinen Terrier zu und gestattet es ihm auch noch, dass er begeistert Ratten oder andere kleine Tiere jagt?

Kopfarbeit ist wichtig

Alle heute als reine Familien- und Begleithunde lebenden Vierbeiner haben ihre angeborenen Fähigkeiten nicht verloren und die meisten wollen ebenso noch sinnvoll beschäftigt werden. Hiermit ist aber nicht der regelmäßige Gassigang, die lange Radtour oder das ewige Ballwerfen gemeint. Denn solche Aktivitäten halten zwar den Körper fit, aber ohne Kopfarbeit, für die der Hund seine Sinne und seine kreativen Fähigkeiten einsetzen muss, wird er nicht sehr gefordert. Nur durch die richtige Kombination von körperlicher und geistiger Forderung ist ein Hund ausgeglichen – die Grundvoraussetzung für einen zufriedenen Hund.

Wird ein Hund nicht ausreichend gefordert, kann sich das je nach Rasse ganz unterschiedlich – aber auf alle Fälle negativ – auf den alltäglichen Umgang und sein Verhalten auswirken. Ersatzbeschäftigungen, Problemverhalten, Neurosen, übermäßiger Jagdtrieb, Aggression und vieles mehr können die Folge sein. Damit es erst gar nicht dazu kommt und man nicht mit seinem Problemhund professionelle Hilfe hinzuziehen muss, sollte man seinen Hund sinnvoll beschäftigen.

Sinnvoll ist eine Beschäftigung, wenn der Hund sowohl körperlich als auch geistig gefordert wird.

Was ist eine sinnvolle Beschäftigung?

Auch im Haus finden sich zahlreiche Beschäftigungsmöglichkeiten wie hier das Bringen von einem Paar Socken.

Ganz wichtig ist die Unterscheidung zwischen sinnvoller Beschäftigung und Erziehung oder Ausbildung. Somit werden in diesem Buch nicht die üblichen Hundesportarten beschrieben und es wird auch nicht erklärt, wie ein Hütehund richtig Schafe oder Gänse hütet oder ein Wach- und Schutzhund seiner Tätigkeit nachgeht. In diesem Buch geht es darum, einen Hund sinnvoll zu beschäftigen, auch wenn er keine Sportskanone ist oder seine Arbeit nie, wie ursprünglich vorgesehen, verrichten wird.

Soll der Hund sinnvoll beschäftigt werden, ist seine Kreativität gefordert. Einerseits ist hier die Teamarbeit mit dem Menschen zwar wichtig. Andererseits muss der Hund aber auch genug Zeit bekommen, um in Eigeninitiative selbst etwas herauszufinden. Bei der Erziehung oder Ausbildung für eine bestimmte Arbeit wird von dem Hund verlangt, dass er gewisse Aufgaben erlernt, wobei häufig auch ein zeitliches Limit von uns Menschen vorgegeben ist, weil oft erwartet wird, dass der Hund etwas in einer gewissen Zeit lernen muss. Besonderer Lernstress tritt auf, wenn man sich auf eine Prüfung oder ein Turnier vorbereiten will.

➜ Die sinnvolle Beschäftigung, wie sie in diesem Buch beschrieben wird, soll dagegen für den Hund ein reines Vergnügen sein und ohne Zeitstress oder hochgesteckte Ziele den Alltag bereichern. Beides kann man beim eigenen Hund natürlich auch kombinieren. Ausbildung oder Training sind somit Arbeit, bei der sich der Hund konzentrieren und seinen Aufgaben nachkommen soll. Die hier beschriebene sinnvolle Beschäftigung ist dagegen Freizeit, wobei der Hund mit Begeisterung und ohne Überforderung seine Talente einsetzen kann. Entsprechende Belohnungen gehören natürlich immer dazu. Übrigens machen die verschiedenen Beschäftigungen mit dem Hund besonders Spaß und sind abwechslungsreicher zu gestalten, wenn der Vierbeiner schon eine enge, vertrauensvolle Bindung zu seinem Menschen hat und eine gewisse Grunderziehung besitzt. Darauf wird ebenso hingewiesen wie auf die Tatsache, dass Welpen und Junghunde auch bei den Beschäftigungsmöglichkeiten körperlich und geistig nicht überfordert werden dürfen.

Positive Auswirkungen der sinnvollen Beschäftigung

Wenn ein Hund sinnvoll beschäftigt wird, wirkt sich das immer auch positiv auf den Alltag und sein Verhalten aus. Ist ein Hund ausgeglichen und zufrieden, kann er sich besser entspannen, sich in sein Körbchen zurückziehen und auch mal allein gelassen werden. Er wird nicht ständig seine Menschen »nerven«, weil er irgendetwas tun möchte, und ist auch eher ein problemloser Begleiter, wenn er mit seiner Familie unterwegs ist.

Sinnvolle Beschäftigungen haben aber noch einen anderen Begleiteffekt. So lernt ein Hund beispielsweise dabei auch, mit bestimmten Umweltveränderungen umzugehen. Er macht Erfahrung mit dem Lösen von Problemen und lernt, wie man neue Situationen im Alltag meistert. Ein sinnvoll beschäftigter Hund bekommt mehr Vertrauen zu seinen Menschen und zu seinem Umfeld, ist entspannter und kann dadurch sogar weniger schreckhaft oder sensibel werden. Außerdem wird sein Selbstvertrauen gesteigert. Nicht zuletzt gibt es auch zahlreiche Beschäftigungsmöglichkeiten, durch die der Hund lernt, seinen Körper richtig und gezielt einzusetzen und die Koordination der Bewegungsabläufe zu verbessern. Das fördert seinen Gleichgewichtssinn und baut auch die Muskulatur auf. So kann man dadurch außerdem häufig auftretende Gelenkerkrankungen vorbeugen oder mildern.

Nicht zuletzt sind viele Aufgaben, die man dem Hund beibringt oder die er sich selbst erarbeitet, auch für den normalen Alltag wichtig. Der Hund ist besser zu kontrollieren, was bei jedem Spaziergang von Vorteil ist. Außerdem kann der Vierbeiner auch eine Menge kleine Arbeiten übernehmen und uns dadurch in vielen Situationen behilflich sein.

Bei den hier beschriebenen Übungen und Aufgaben wird daher immer wieder erklärt und begründet, warum diese Beschäftigung so sinnvoll sein kann.

Beschäftigung junger und alter Hunde

Bei jungen Hunden ist vor allem zu beachten, dass man sie nicht körperlich oder psychisch überfordert. In den ersten vier Lebensmonaten sollte man als Faustregel nehmen, dass man mit dem Hund nicht mehr Minuten am Tag trainieren sollte, wie er Wochen alt ist. Auf Sprung- und anstrengende Kletterübungen ist in der Wachstumsphase völlig zu verzichten. Ein Hund ist im ersten Lebensjahr weder körperlich noch seelisch komplett ausgereift. Das sollte man immer bei der Auswahl und der Gestaltung der Übungen mit berücksichtigen.

Auch bei Senioren muss man auf bestimmte Dinge achten. Ältere Hunde haben oft Konditionsdefizite und ermüden schneller. Sie sind meist auch nicht mehr so beweglich wie jüngere Hunde. Besonders bei großen Rassen machen sich Alterserscheinungen früher bemerkbar. Man sollte also bei Hunden, die nicht mehr ganz jung sind, genau dosieren, inwieweit man sie körperlich belasten kann. Ein Aufwärmen des Hundes durch langsames Bewegungstraining vor den eigentlichen Übungen ist hier zu empfehlen. Hunde, die bereits größere körperliche Einschränkungen haben, sollten lieber mit

Schon Welpen sind für viele Aufgaben zu begeistern. Sie dürfen aber nicht körperlich überfordert werden. Das Apportieren eines leichten Spielzeugs ist bedenkenlos.

Aufgaben beschäftigt werden, die körperlich wenig belasten, wie zum Beispiel Fährtenarbeit oder kleine Such- und Apportierübungen im häuslichen Umfeld.

Beschäftigung mehrerer Hunde gleichzeitig

Hunde sind Rudeltiere und somit ist eine Beschäftigung von mehreren Vierbeinern gleichzeitig durchaus artgerecht. Häufig macht es jedem einzelnen Hund auch mehr Spaß, wenn er die Übungen zusammen mit seinen Artgenossen durchführen kann.

→ Wenn man mehrere Hunde gleichzeitig beschäftigt, sollte man sich vom Schwierigkeitsgrad der Übung her immer am schwächsten Hund orientieren. Wichtig ist auch, dass man versucht, alle teilnehmenden Hunde gleich zu behandeln, also keinen zu bevorzugen, und sie auch gleichberechtigt zu belohnen.
Gerade bei Wettspielen ist es wichtig, dass alle Hunde ein Erfolgserlebnis haben. Hierfür kann man beispielsweise den langsamsten Hund zuerst losschicken oder eine einfachere Variante mit ihm arbeiten. Man sollte bei Belohnungen durch Futter oder Spielzeug darauf achten, dass es nicht zu Konkurrenzkampf und Futterneid kommt.

Bei der gleichzeitigen Beschäftigung von mehreren Hunden muss es auch möglich sein, dass man einen Hund zum Beispiel ablegen oder warten lassen kann, während man mit einem anderen Hund an einem Detail arbeitet. Die Hunde sollten also gut kontrollierbar sein.

Bei Hunden, die allein nicht so stark zu motivieren sind, kann der Wettstreit mit den anderen Teilnehmern zu einer erheblichen Steigerung der Motivation und zu einem viel größeren Einsatz bei den Übungen führen.

Wenn mehrere Hunde – auch ganz unterschiedlicher Rassen – gemeinsam beschäftigt werden, macht es vielen noch mehr Spaß. ▶

Ausleben der Triebe

Warum hat der Hund aber eigentlich Freude an einer artgerechten und somit sinnvollen Beschäftigung und wieso ist er dadurch ausgeglichener? Hierzu kann man grundsätzlich sagen, dass Hunde Freude an Abläufen oder Übungen haben, die bestimmte Triebe ansprechen. Somit haben sie die Möglichkeit, diese Triebe ausleben oder befriedigen zu können.

Hierbei handelt es sich meist um Triebe, die aus dem Jagdverhalten des Hundes als sozial lebender Beutegreifer und als Lauftier abgeleitet sind. Triebe, die wir für die sinnvolle Beschäftigung nutzen können und somit auch in diesem Buch vorwiegend behandelt und angesprochen werden, sind:

- **Bewegungstrieb**
- **Spürtrieb**
- **Stöbertrieb**
- **Jagdtrieb**
- **Hetztrieb**
- **Beutetrieb**
- **Kampftrieb**
- **Apportiertrieb**
- **Fresstrieb**

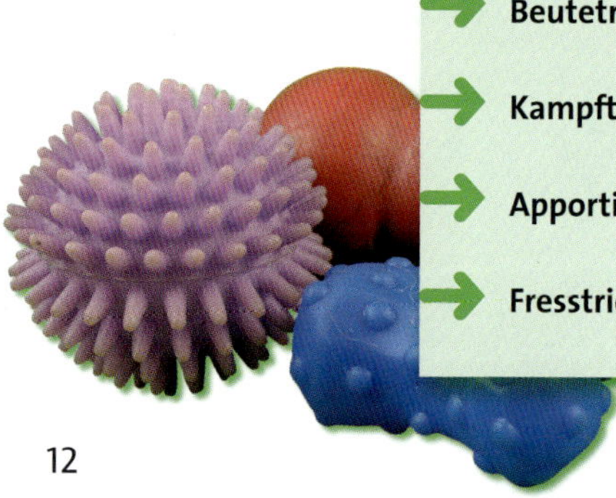

Beschäftigung macht für den Hund Sinn, wenn zumindest einer oder besser noch mehrere Triebe ausgelebt werden können. Man kann unterscheiden zwischen Beschäftigungsarten, die an sich schon selbstbestätigend sind, die der Hund also motiviert ausführt, ohne dass man ihn mit zusätzlichen Motivationsmitteln wie Futter oder Spielzeugeinsatz zu unterstützen braucht, und anderen Beschäftigungen, die für den Hund sinnvoll sind und freudiger ausgeführt werden, weil der Hund lernt, dass am Ende der Handlung bzw. Übung eine Belohnung auf ihn wartet. Dies kann Fressen in Form eines Leckerlis sein, das dann letztendlich wieder das Triebziel Fressen befriedigt, oder der Einsatz eines Spielzeugs, was den Beutetrieb anspricht.

1 Die verschiedenen Talente

Die verschiedenen Hunderassen haben aufgrund ihrer gezielten Zucht und Selektion für bestimmte Aufgaben unterschiedlich stark ausgeprägte Triebe. Bevor Sie also anfangen, sich sinnvolle Beschäftigungsmöglichkeiten für Ihren Hund auszudenken, sollten Sie genau Bescheid wissen über die Talente Ihres Hundes, die vor allem genetisch festgelegt sind, also auch durch die Fähigkeiten der Elterntiere bestimmt werden. Diese Talente lassen sich nicht nur bei Rassehunden bestimmen, sondern auch bei Mischlingen, wenn etwas über die Eltern und ihre Herkunft bekannt ist.

Hütehunde

Zur Gruppe der Hütehunde zählen auch die als Schäferhunde und Treibhunde bezeichneten Rassen. Sie alle wurden ursprünglich als Herdengebrauchshunde gezüchtet und zum Hüten und Treiben von Viehherden verwendet. Je nach Tätigkeit, für die sie eingesetzt wurden und teilweise heute noch werden, besitzen sie unterschiedliche Fähigkeiten. Rassen mit einem ausgeprägten Schutztrieb wie der Deutsche, der Holländische und der Belgische Schäferhund werden heute kaum noch für die Arbeit am Vieh eingesetzt. Sie gehören mittlerweile zu den klassischen Gebrauchshunden, die häufig von der Polizei und Wachdiensten verwendet werden.

Falls ein Hütehund wie dieser Kelpie nicht seiner ursprünglichen Arbeit nachgehen kann, muss er sinnvoll beschäftigt werden.

Das Hüten und Zusammenhalten einer Herde erfordert Schnelligkeit, Ausdauer und vor allem selbstständiges Arbeiten. Diese Eigenschaften sind besonders ausgeprägt bei den sehr häufig gewordenen Rassen wie Border Collie und Australian Shepherd, aber auch bei den australischen Rassen Kelpie und Cattle Dog, denen man hin und wieder begegnet.

Für diese Hunde ist es ganz besonders wichtig, sinnvoll beschäftigt zu werden, wenn sie nicht ihrer eigentlichen Tätigkeit am Vieh nachkommen können. Denn sie sind enorm arbeits- und bewegungsfreudig und müssen vor allem auch geistig – als Ersatz für ihr selbstständiges Arbeiten – gefordert werden, um ausgeglichen zu sein. Diese Rassen fixieren auch häufig mit ihrem Blick das Vieh. (Speziell ist diese Eigenart übrigens beim

Border Collie ausgeprägt und wird hier als »Auge« bezeichnet.) Daher sind für sie auch Aufgaben besonders geeignet, die nicht nur Nasenarbeit erfordern, sondern bei denen auch die Sehleistung sehr wichtig ist.
Hütehunde haben zwar einen ausgeprägten Bewegungstrieb, aber hierbei ist zudem die Kombination von Übungen wichtig, die den Hund körperlich und geistig fordern. Hüteverhalten ist abgeleitetes Jagdverhalten mit fehlender Endhandlung, also Töten der Beute. Für Hütehunde, die nicht im eigentlichen Hüteeinsatz stehen, sollten geeignete Ersatzbeschäftigungen gefunden werden. Hütehunde, die von Natur aus mit Auge arbeiten, kann man mit speziellen Beschäftigungen, die teilweise auf der Verarbeitung visueller Reize beruhen, in diesem Bereich fördern und auslasten.

Viele Hütehundrassen lieben auch Distanzarbeit, allein oder mit anderen Hunden in der Gruppe ausgeführt.

> Da es unter den Hütehunden wahre »Workaholics« gibt, muss auch klar zwischen aktiven und beschäftigungsfreien Phasen unterschieden werden. Hier muss der Halter oft gezielt ein Ende der Übungen setzen, auch wenn Interesse und Arbeitsfreude noch voll da sind.

Wenn Sie einen Hütehund besitzen, der nicht für den Einsatz in der Hütearbeit gehalten bzw. benötigt wird, sollte eine Beschäftigung des Hundes mit lebenden Tieren zwecks Ausleben des Hütetriebs ohne fundierte Ausbildung nicht in Erwägung gezogen werden. Bei der Hütearbeit steht nicht das ungezügelte Ausleben des Hütetriebs im Vordergrund, sondern die sinnvolle Ausbildung zu einem effektiven Arbeitshund für den Hüteeinsatz. Der Hütetrieb sollte deshalb immer durch entsprechende Ausbildung lenkbar und kontrollierbar gemacht werden. Das kann auch bei einem fehlgeleiteten Hütetrieb, den der Hund zum Beispiel an Autos ausleben möchte, nötig werden.

Hirtenhunde und Molosser

Hirtenhunde gehören bei uns wohl eher zu den selteneren Hunderassen, über die auch die wenigsten Hundefreunde genau Bescheid wissen. Sie zählen zu den Molossern und in dieser Gruppe wiederum zu den Berghunden. Hirtenhunde sind sehr große, kräftige und auch schnelle Hunde, die dafür gezüchtet wurden, Viehherden vor Feinden zu beschützen, eventuell sich mit dem Angreifer anzulegen, ihm seine Beute wieder abzunehmen und dann zur Herde zurückzukehren, um sie in der freien Landschaft zu begleiten und zu bewachen. Selbstständiges Arbeiten ohne direkten Kontakt zum Menschen und ohne dessen Anweisungen sowie Mut und im Notfall auch Kampfbereitschaft waren hierfür Voraussetzungen. Daher darf man von einem Hirtenhund nicht verlangen, dass er auf dem Hundeplatz oder beim Spaziergang ständig für Aufgaben zu begeistern ist und immer seinem Menschen gefallen möchte. Hirtenhunde sind die geborenen Wach- und Schutzhunde, haben meistens einen Dickkopf und zeigen auf keinen Fall

Kadavergehorsam. Der Umgang mit ihnen erfordert einen gewissen Hundeverstand und Toleranz.

Bei den Hirtenhunden ist der Beute- und Bewegungstrieb meist nur mäßig ausgeprägt, was sich auf viele andere Triebe ebenfalls dämpfend auswirkt. Dieser Typ Hund sollte besonders abwechslungsreich und mit kurzen und schnell zum Erfolg führenden Einheiten beschäftigt werden. Eine Futterbelohnung klappt oft besser für die Motivation als ein Beutespiel. Hirtenhunde haben in der Regel einen starken Wach- und Schutztrieb, der jedoch bei der sinnvollen Beschäftigung nicht gefördert werden sollte. Hier kann höchstens der gezielte Einsatz bestimmter Übungen Sinn machen, die allgemein eine bessere Kontrolle und ein kontrollierteres Ausleben dieser Triebe zum Ziel haben.

Schwere Hunde wie dieser Neufundländer verbessern auf dem Wackelbrett die Koordination ihrer Körperteile und das Gleichgewichthalten.

Hirtenhunde sind in der Regel für Such- und Apportierspiele nicht sehr zu begeistern. Bei ihnen gehören mehr Übungen von Motorik und Geschicklichkeit zu den sinnvollen Beschäftigungsmöglichkeiten, da sie ihre ursprüngliche Arbeit an der Herde oft auf unwegsamem Gelände ausüben mussten.

Bei den anderen molossoiden Hunden, die nicht für die Arbeit an der Herde gezüchtet worden sind, ist oft ein starker Beutetrieb vorhanden. Sie sprechen auf Zerr- und Kraftspiele meist sehr gut an, wobei hier ein besonderes Augenmerk auf die Beißhemmung und Kontrollierbarkeit des Hundes gelegt werden sollte. Der Besitzer sollte das Spiel initiieren und auch beenden können. Der Bewegungstrieb ist je nach Schwere und Beweglichkeit der Rassen unterschiedlich ausgeprägt. Ein guter Fresstrieb kann auch bei den meisten Vertretern festgestellt werden.

Große und starke Hunde können beispielsweise auch sinnvoll zum Wagenziehen eingesetzt werden. Hierbei haben sie die Gelegenheit, ihre Kräfte gezielt einzusetzen, und sind dadurch körperlich und auch geistig ausgelastet.

Jagdhunde

Fasst man alle Jagdhundrassen zusammen, sind sie mit Abstand die größte Gruppe innerhalb der Rassehunde. Aufgrund ihrer unterschiedlichen Einsatzgebiete werden sie unterteilt in Laufhunde, Schweißhunde, Vorstehhunde, Apportierhunde, Stöberhunde, Wasserhunde, Terrier und Dackel. Je nach Verwendungszweck besitzen diese Hunderassen ganz verschiedene Eigenschaften und Besonderheiten. Bei Apportierhunden ist die Bringfreude besonders ausgeprägt. Ähnlich wie die Wasserhunde sind sie auch äußerst schwimmbegeistert. Für Lauf-, Schweiß- und Vorstehhunde ist die Nasenarbeit sehr wichtig und prägt ihren Alltag, auch wenn sie nicht jagdlich geführt werden. Die meisten Terrier und Dackel verfolgen ebenso gern eine Spur und die kleinen Vertreter dringen auch oft in einen Fuchs- oder Dachsbau vor, was ihnen manchmal zum Verhängnis werden kann.

Unabhängig davon, für welche jagdliche Aufgabe die verschiedenen Rassen gezüchtet wurden, sollten sie auf alle Fälle in ihrer Freizeit oder wenn sie nicht jagdlich geführt werden, sinnvoll beschäftigt werden. Welche Aufgaben für die einzelnen Rassen geeignet sind, hängt dann natürlich von ihren angeborenen Fähigkeiten ab. Da die meisten Jagdhunde sehr menschenbezogen sind, sind sie recht leicht für die verschiedensten Aufgaben zu begeistern – Hauptsache, ihr Mensch spielt dabei eine Rolle.

Bei Laufhunden und Vorstehhunden trifft man auf besonders ausgeprägte Veranlagungen im Bereich von Spürtrieb, Stöbertrieb, Jagdtrieb und Hetztrieb. Sinn der Beschäftigung kann hier schwerpunktmäßig sein, das Jagdverhalten in kontrollierte Bahnen zu lenken und dem Hund zu vermitteln, dass jagdlicher Erfolg bzw. die passende Ersatzbeschäftigung nur zusammen und an der Seite des Besitzers

Jagdhunde – hier ein französischer Vorstehhund – sind die geborenen Apportierer und tragen auch gern die Zeitung jeden Morgen ins Haus.

möglich ist. Hier sind besonders Übungen im Bereich der Nasenarbeit sehr sinnvoll. Der Hetztrieb sollte jedoch nicht explizit gefördert werden, sondern die Anzeige von Wild oder dessen Ersatz sollte bestätigt werden. Eigenständige Jagversuche müssen konsequent unterbunden werden. Der Hund lernt dadurch, sich anstatt auf Wild auf so genannte Ersatzbeute zu fixieren.

Apportierhunde, zu denen alle Retrieverrassen zählen, haben – wie der Name schon sagt – einen ausgeprägten Apportiertrieb. Der Stöbertrieb ist ebenfalls verstärkt vorhanden und dass diese Hunde meist auch einen extrem ausgeprägten Fresstrieb besitzen, ist sicherlich kein Geheimnis. Alle Beschäftigungen, die diese Triebe ansprechen, sind deshalb besonders beliebt.

➔ Wichtig ist hier, wie bei allen anderen Hundetypen, bei denen bestimmte Triebe extrem vorherrschen, dass klar definiert ist, wann geübt und gearbeitet wird und wann es sich um normale Tagesabläufe handelt. Die Hunde sollten also nicht ungezügelt über einen großen Zeitraum des Tages ihre Triebe ausleben.

Terrier haben einen gut ausgeprägten Beutetrieb und meistens auch Jagdtrieb. Als aktive Hunde lieben sie Beschäftigungen mit viel Aktion. Zerrspiele sind eine große Leidenschaft, aber auch hier muss auf die Kontrollierbarkeit und ein gezieltes Beenden des Spiels großen Wert gelegt werden. Viele Terrier haben eine sehr gute Sprungkraft, was man in das Beschäftigungsprogramm mit einfließen lassen kann.

Klassische Gebrauchshunde

Die klassischen Gebrauchshunde, früher auch gern Schutzhunde genannt, gehören zu unterschiedlichen Rassegruppen. Allen gemeinsam ist, dass sie sehr vielseitig einsetzbar sind, ob als Schutz- und Wachhund, als Rettungs- oder Blindenführhund sowie als Spür-, Fährten- oder Mantrailinghund. Zu den klassischen Gebrauchshunden zählen Deutscher Schäferhund, Dobermann, Rottweiler, Riesenschnauzer, Airedale Terrier, Hovawart, Deutscher Boxer und Bouvier des Flandres. Mittlerweile haben sich auch die Belgischen Schäferhunde (hier besonders der Malinois) und die Holländischen Schäferhunde etabliert. Wichtig für sie ist ein gewisser Schutztrieb, eine gute Nasenleistung, Arbeitsfreude, Ausdauer und die enge Zusammenarbeit mit dem Menschen.

Sie sind von Natur aus in den meisten Fällen mit einem sehr guten Beutetrieb ausgestattet. Beute- und Zerrspiele sind sehr beliebt. Diese Hunde sind aber auch hervorragend für alle Beschäftigungen geeignet, bei denen die Nasenarbeit eine Rolle spielt. Ein guter Fresstrieb macht das motivierte Arbeiten mit dem Hund eher einfach. Auch intensiveres Arbeiten im Hinblick auf die Präzision von Übungen und etwas längere Einheiten sind in der Regel kein Problem. Auch hier gilt, dass der Wach- und Schutztrieb nicht noch durch entsprechende Freizeitbeschäftigungen gesteigert werden sollte.

Dieser Holländische Schäferhund gehört wie seine deutschen und belgischen Vettern zu den klassischen Gebrauchshunden und ist vielseitig einsetzbar.

Windhunde wie dieser Galgo Español orientieren sich im Gegensatz zu den meisten anderen Hunderassen optisch.

Windhunde

Windhunde wurden ursprünglich für die Hetzjagd gezüchtet und orientieren sich im Gegensatz zu den meisten Jagdhundrassen mehr mit ihren Augen. Sie sind also die typischen Sichtjäger. Der schlanke, aber dennoch muskulöse Körper, die langen Beine und der schmale Kopf sind für die meisten Windhunde typisch und zeugen davon, dass körperliche Bewegung und Schnelligkeit über weite Entfernungen ihre Passion sind. Zu Hause sind sie ruhig und zurückhaltend. Sie wirken aristokratisch, manchmal fast überheblich und ordnen sich ihren Menschen nicht gern unter. Sie betrachten sich eher als gleichwertiges Familienmitglied. Daher lassen sich Windhunde längst nicht für alle Beschäftigungsmöglichkeiten begeistern.

Windhunde haben einen extrem ausgeprägten Hetztrieb, der unter Umständen ohne Leine schwer zu kontrollieren ist. Der Beutetrieb ist oft besser ausgeprägt als der Fresstrieb. Bei Übungen mit viel Kopfarbeit muss auf kürzere und abwechslungsreiche Einheiten geachtet werden. Übungen, die Sprungtalent und gute Motorik erfordern, kommen meist auch gut an. Bewegung, Schnelligkeit und auch die optische Orientierung sollten daher Bestandteil der entsprechenden Aufgaben sein. Versteck- oder Apportierspiele sind für sie dagegen weniger interessant.

Schlittenhunde (Nordische Hunde)

Vor nicht allzu langer Zeit waren bei uns die nordischen Hunde aufgrund ihrer ansprechenden äußeren Erscheinung sehr in Mode gekommen. Glücklicherweise hat dieser Trend nachgelassen, nicht zuletzt, weil die Hundehalter gemerkt haben, dass ein Schlittenhund für sein Dasein als einzelner Begleit- oder Familienhund kaum geeignet ist. Nordische Hunde sind sehr rudelorientiert und fühlen sich in der Meute am wohlsten. Sie sind bellfreudig, freundlich zu jedermann und als Wachhunde nicht geeignet. Sie fühlen sich nicht so eng verbunden mit ihrem Heim und ihren Menschen wie die meisten anderen Hunderassen. Sie haben einen ausgeprägten Jagdtrieb und vor allem ein enormes Bewegungsbedürfnis. Daher kommen für sie vor allem Aufgaben infrage, die mit Bewegung und körperlichem Einsatz zu tun haben. Sie lieben alle Arten körperlicher Beschäftigung wie zum Beispiel Lauf- oder Zugtraining, aber auch alle andere Übungen, die sie körperlich fordern.

Da bei Schlittenhunden der ausgeprägte Jagdtrieb gepaart ist mit einer hohen Selbstständigkeit und sie oft ohne Leine in der freien Natur nur schwer zu kontrollieren sind, wird man bei vielen Beschäftigungen im Außenbereich sinnvollerweise auf Übungen zurückgreifen, die mit Leine durchgeführt werden. Für freies Arbeiten ist es dagegen besser, die Übungen in einem umzäunten Areal durchzuführen.

Schlittenhunde haben einen enormen Bewegungsdrang – entsprechend sollte deren Beschäftigung sein.

Kleine Gesellschaftshunde wie dieser Papillon können auch für sinnvolle Aufgaben wie das Bringen von Gegenständen eingesetzt werden.

Gesellschaftshunde

Zu den Gesellschaftshunden gehören alle Rassen, die man früher auch häufig als »Schoßhunde« bezeichnete und die für keine spezielle Arbeit eingesetzt wurden. Die meisten von ihnen sind kleine Hunderassen, die in der Regel problemlos gehalten werden können und kein besonders großes Laufbedürfnis haben. Eine Ausnahme stellt hier der Pudel dar, den es in vier verschiedenen Größen vom Toypudel bis zum Großpudel gibt. Aber auch wenn sie sehr klein sind, wollen diese Hunde sinnvoll beschäftigt werden. Denn selbst wenn sie für keine besondere Tätigkeit gezüchtet wurden, sind sie ebenso lernfreudig wie andere und lassen sich für viele Aufgaben, die ihre Geschicklichkeit fordern oder bei denen sie ihren Kopf einsetzen müssen, durchaus begeistern.

Bei Gesellschaftshunden ist das Triebverhalten oft sehr ausgeglichen. In der Regel sind keine einzelnen Triebe besonders stark ausgeprägt. Sie halten sich meist gern dicht beim Menschen auf und haben zu diesem eine enge Bindung. Diese Hunde lernen gern Kunststücke, sind aber in keinem Bereich ausgesprochene Spezialisten, da sie von jeher nicht direkt für bestimmte Arbeiten benötigt wurden. Sie gelten als pfiffig und sind für viele verschiedene Bereiche zu begeistern.

2

Bevor es mit dem Üben losgeht

Unabhängig davon, welche Art Übungen man mit seinem Hund durchführen will, gibt es bestimmte Regeln, an die man sich halten sollte. Sie tragen dazu bei, dass die Durchführung der Übungen sowohl dem Hund als auch dem Menschen möglichst viel Spaß macht. Außerdem sorgen sie auch dafür, dass immer mit einem kleinen Erfolgserlebnis abgeschlossen werden kann, was sehr wichtig für eine vertrauensvolle Bindung zwischen Mensch und Hund ist. Zuvor finden Sie aber noch einen Exkurs in den Bereich des Lernverhaltens.

Was ist Lernen?

Lernen findet ständig statt, Lernen ist überlebensnotwendig. Hunde lernen ein ganzes Hundeleben lang. Durch Lernen passt der Hund sein Verhalten den sich ständig verändernden Einflüssen der Umwelt an. Beim Lernen werden über alle Sinnesorgane Reize aufgenommen. Durch Lernen gelangt der Hund an lebenswichtige Ressourcen wie zum Beispiel Futter oder Wasser und er hat die Möglichkeit zur Fortpflanzung, um nur einige Beispiele zu nennen.

Beim Lernen verknüpft der Hund verschiedene Ereignisse. Damit eine Verknüpfung stattfindet, müssen die Ereignisse möglichst zeitgleich oder in sehr kurzem Abstand zueinander stattfinden.
Gibt man dem Hund ein Hörzeichen, so ist der angesprochene Gehirnbereich etwa drei Sekunden lang aktiv. Der Gehirnbereich, der für die entsprechende Handlung wichtig ist, ist ebenfalls etwa drei Sekunden tätig. Beide Bereiche sind aber gleichzeitig für nur ungefähr eine Sekunde aktiv. Damit eine Verknüpfung stattfindet, muss hier also eine Überlappung der Aktionen stattfinden.

Beim Lernen spielen zunächst sämtliche Umweltreize eine Rolle. Der Hund filtert allmählich die Reize heraus, die für ihn für den entsprechenden Lernvorgang eine Rolle spielen. Deshalb ist es für den Hund einfacher, wenn beim Anlernen mit möglichst wenig Ablenkung geübt wird. Stress jeglicher Art wirkt sich grundsätzlich negativ auf das Lernverhalten aus.

Um Hunden neue Übungen beizubringen, ist es wichtig, dass die Bestätigung wie hier mit einem Leckerli im richtigen Moment erfolgt.

Ein Lernprozess kann in verschiedene Phasen gegliedert werden:

- Erwerben des Lerninhaltes
- Übung im Fluss ausführen
- Generalisierung (Koppelung eines Lernprozesses mit einer bestimmten Reizsituation)
- Aufrechterhaltung durch Wiederholung.

Positive Verstärkung und der sinnvolle Einsatz

Die positive Verstärkung einer Handlung, zum Beispiel durch Futterbelohnung, Spielzeugeinsatz oder Körperkontakt, führt dazu, dass dieses Verhalten öfter gezeigt wird. Eine negative Verstärkung, zum Beispiel durch Schmerz oder Erschrecken, einer Handlung würde das Gegenteil bewirken – das entsprechende Verhalten wird seltener gezeigt. Alle hier im Buch beschriebenen Übungen oder Lernvorgänge basieren natürlich immer auf einer positiven Verstärkung. Damit der Hund eine Handlung mit der Belohnung verknüpft, muss auch hier auf die zeitliche Überlappung von etwa einer Sekunde geachtet werden. Das richtige Timing spielt also eine wichtige Rolle.

Komplexere Handlungen kann man in Einzelsegmente aufteilen und diese unabhängig voneinander anlernen. Das jeweilige erwünschte, zufällig gezeigte Verhalten kann man bestätigen oder auch formen und durch entsprechende Hilfen unterstützen. Schließlich lassen sich die verschiedenen Einzelsegmente zu einer Verhaltenskette zusammensetzen, und zwar sowohl in die eine oder andere Richtung, also sozusagen rückwärts oder vorwärts.

Nachdem der Hund das Plüschtier gebracht hat, wartet es geduldig auf seine Belohnung, die sich im Inneren befindet.

Konditionierung

Man unterscheidet bei der Konditionierung zwischen klassischer und instrumenteller Konditionierung.
Ein berühmtes Beispiel zur klassischen Konditionierung sind die Versuche des russischen Forschers Iwan Petrowitsch Pawlow, der immer vor dem Füttern von Hunden ein akustisches Signal ertönen ließ. Wenn Futterausgabe und Signal häufig gekoppelt werden, löst irgendwann nur das akustische Signal bereits den Speichelfluss aus, da das Gehirn verknüpft hat, dass immer unmittelbar danach die Fütterung folgt. Es ist eine reflexartige Reaktion. Der Hund kann dieses Verhalten, das unterschwellig abläuft, dann nicht kontrollieren. Das Verhalten kann jedoch wieder gelöscht werden, wenn nach dem Signal mehrfach kein Futter gegeben wird. Es schwächt sich allmählich ab und kann dann irgendwann wieder ganz ausbleiben.

Das erwünschte Verhalten kann auch durch Sichtzeichen geformt oder unterstützt werden.

Die Reaktion des Hundes auf den Clicker ist ein Beispiel für die klassische Konditionierung. Es reicht nach erfolgter Konditionierung das Clickgeräusch aus, um den Hund in die Erwartungshaltung für Futter oder Spielzeug zu versetzen.
Die instrumentelle Konditionierung kann man auch als Lernen am Erfolg verstehen. Der Hund lernt durch die Konsequenzen seines jeweiligen Verhaltens. Er lernt also über Versuch und Irrtum – Erfolg und Misserfolg.

→ Das Betätigen einer Flyballmaschine ist hierfür auch ein gutes Beispiel. Der Hund berührt zufällig die Taste der Maschine, wodurch der Ball herausfällt.
Nach mehrmaligen Wiederholungen drückt der Hund bewusst die Taste, um an den Ball zu gelangen.

Die wichtigsten Regeln

Wenn Sie mit Ihrem Hund arbeiten möchten, sollten Sie sich an folgende Regeln halten, die hier noch einmal zusammengefasst sind:

- Alle komplexeren Übungen sollten Sie am Anfang dem Hund vereinfacht beibringen. Eventuell ist es sinnvoll, solche Übungen in kleinere Lernschritte aufzugliedern, die später dann zusammengesetzt werden.
- Sie sollten die Grundlagen der Lerngesetze sicher beherrschen und genau Bescheid wissen über das Lernverhalten des Hundes.
- Wichtig ist ein gutes Timing bei der Bestätigung von erwünschten Handlungen.
- Falls Sie mit dem Clicker arbeiten möchten, ist es wichtig, dass Sie fundierte Kenntnisse über das Clickerprinzip besitzen und wissen, wie man es richtig anwendet.
- Bei den Übungen müssen klare und eindeutige Hör- bzw. Sichtzeichen verwendet werden.
- Schließen Sie jede Übung immer mit einem Erfolgserlebnis für den Hund ab.
- Der Hund darf weder physisch noch psychisch überfordert werden.
- Alter, Gesundheitszustand und bestimmte Vorlieben des Hundes müssen beachtet werden.
- Sprungübungen und Beschäftigungen, die den Hund körperlich stark beanspruchen, sind nur für Hunde geeignet, bei denen das Knochenwachstum abgeschlossen ist. Je nach Größe der Hunderasse liegt dieser Zeitpunkt meistens zwischen dem ersten und zweiten Lebensjahr.
- Denken Sie daran, dass Hunde bei warmen Temperaturen schneller ermüden. Sie sollten dann nicht überfordert werden.
- Legen Sie von vornherein verschiedene Phasen im Alltag fest. Der Hund soll unterscheiden können zwischen aktiven Phasen mit Beschäftigung, wachen Phasen ohne direkte Beschäftigung durch den Menschen und Ruhephasen.

Passende Ausrüstung

Für die Beschäftigung Ihres Hundes benötigen Sie selbst auch eine sinnvolle Ausrüstung.

Hierzu zählen

- Eine Jacke, Weste oder Bauchtasche, in der man das Spielzeug, Futter und andere Hilfsgegenstände gut unterbringen und aus der man sie bei Bedarf leicht herausnehmen kann
- Zerr- oder Wurfspielzeug (keine Tennisbälle!) je nach Bedarf und Einsatzmöglichkeiten
- Mundgerechte Futterbelohnungen, die der Hund gern mag
- Leichte Leinen in verschiedenen Längen und ein passendes Halsband und/oder Geschirr
- Eventuell ein Clicker, falls Sie damit arbeiten möchten. Anstatt eines Clickers können Sie auch das Verwenden eines Signalwortes einführen. Es hat den gleichen Effekt wie ein Clicker. Das Signalwort zeigt dem Hund an, dass erwünscht ist, was er in diesem Moment tut.

Bei manchen Übungen ist es anfangs auch sehr sinnvoll, eine Hilfsperson einzusetzen. Dies wird in den entsprechenden Kapiteln beschrieben.

Bei manchen Übungen ist es sinnvoll, anfangs mit einer Hilfsperson zu arbeiten.

3 Sinnvolle Beschäftigungsmöglichkeiten

Es gibt eine Vielzahl von Möglichkeiten, seinen Hund sinnvoll zu beschäftigen. Häufig unterscheiden sich die verschiedenen Übungen und Aufgaben dadurch, welche Fähigkeiten des Hundes besonders eingesetzt und gefördert werden und ob der Hund eher seine körperliche Geschicklichkeit oder seine Sinne gezielt benutzen muss. Danach werden die in diesem praktischen Teil des Buches vorgestellten Beschäftigungsmöglichkeiten eingeteilt.

Hierbei wird nicht einfach eine Vielzahl an verschiedenen lustigen, aber eigentlich nicht sehr sinnvollen Spielen beschrieben, sondern es wird besonderer Wert darauf gelegt, dass es sich um wirklich sinnvolle Aufgaben oder Übungen handelt, welche die Motorik, die Koordination, die Kopfarbeit, die psychische Verfassung und den Einsatz der Sinne verbessern und im Idealfall auch noch eine sinnvolle Hilfe für uns Menschen im praktischen Alltag darstellen.

Übungen für Motorik und Geschicklichkeit

Zu diesen Übungen zählen alle Arten von Beschäftigungsmöglichkeiten, welche die motorischen Fähigkeiten und die Geschicklichkeit verbessern, das Körperbewusstsein des Hundes fördern und zu einer besseren Koordination führen. Hierbei spielen vor allem Übungen eine Rolle, bei denen verschiedene Körperteile wie Vorder- und Hinterläufe ganz gezielt und bewusst eingesetzt werden. Auch das Gleichgewichthalten sowie das Ausbalancieren auf einem wackligen Untergrund gehören hierzu. Wichtig sind auch Training und Aufbau von Muskelgruppen vor allem im Bereich der Wirbelsäule und der Gliedmaßen, die sonst im Alltag wenig benutzt werden.

Ziele dieser Übung sind

- Verbesserung der Konzentrationsfähigkeit
- Verbesserte Koordination in den Bewegungsabläufen
- Gewöhnung an verschiedene Untergründe und Materialien
- Gewöhnung an unterschiedliche Geräusche
- Abbau von Ängsten

Auch wer mit seinem Hund in Hundesportarten aktiv werden möchte, sollte bei seinem Vierbeiner durch die verschiedenen Übungen die Motorik und Geschicklichkeit verbessern. So fällt es dem Hund umso leichter, mit den unterschiedlichen Hindernissen umzugehen, die im Hundesport überwunden werden müssen.

Laufen über schmale Dielen

Der Aufbau dieser Übung ist relativ einfach, wenn es sich nicht um einen extrem ängstlichen Hund handelt. Am besten ist die Motivation mit Futter. Mit einem Futterstück in der Hand wird der Hund über eine zunächst am Boden und später etwas erhöht gelagerte Diele oder einen ähnlichen Gegenstand geführt. Eine andere Möglichkeit ist das Legen einer Futterspur über die Diele, in der sich der Hund dann langsam Leckerli für Leckerli vorarbeitet und somit ein ruhiges Tempo bewahrt.

Durch das Futter wird der Hund in einem moderaten Tempo gehalten und er konzentriert sich auf die Mitte der Diele. Die Belohnung durch das Futter wird dann allmählich abgebaut, wenn der Hund sich sicher über Dielen bewegt.

Achtung

- Der Hund sollte immer gerade von vorn angesetzt werden, damit er lernt, gerade und korrekt auf die Diele zu gehen. Ein Herunterfallen des Hundes sollte vor allem in der Anlernphase in jedem Fall vermieden werden.

Damit sich der Hund langsam und konzentriert auf der schmalen Diele bewegt, wird zunächst eine Futterspur gelegt.

Wenn man den Hund an der Leine über eine Diele führt, muss man darauf achten, dass er nicht an der Leine zieht, denn dadurch bekommt er eine Schräglage und gerät aus der Balance, was zum Absturz führen kann. Wenn eine Leine benötigt wird, soll sie daher immer locker sein.

Wenn's bereits gut klappt

Hat der Hund gelernt, ruhig und sicher über die Diele zu laufen, kann man mit ihm üben, sie in verschiedenen Geschwindigkeiten zu überwinden. Man kann ihn auch zwischendurch anhalten und danach verschiedene Positionen wie »Sitz«, »Platz« oder »Steh« einnehmen lassen. Wenn es die Breite der Diele im Verhältnis zur Größe des Hundes zulässt, kann man dem Hund auch beibringen, sich auf der Diele umzudrehen und somit die Laufrichtung zu wechseln. Hat der Hund das Grundsystem zum sicheren Überwinden von schmalen Dielen erlernt, ist dies auf andere Gerätearbeiten wie Hängebrücke oder Leiter (siehe unten) übertragbar.

Bedeutung und Umsetzung

→ Ein Hund, der Dielen und ähnliche Hindernisse überwindet, kann einen im Alltag fast überall mit hinbegleiten und man kann Freizeitaktivitäten beim Spaziergang viel abwechslungsreicher gestalten. Ebenso kann es im Urlaub von Vorteil sein, wenn man den Hund beispielsweise mit auf ein kleineres Boot nehmen möchte und dabei über eine Planke gehen muss oder wenn es eine sehr schmale Brücke zu überwinden gilt.

Über die Leiter laufen

Die Leiter wird zunächst waagerecht und nicht zu hoch über dem Boden hingelegt, damit der Hund, falls er neben die Sprossen tritt, nicht abstürzen oder sich wehtun kann. Bei Hunden, die Probleme mit der Koordination der Hinterläufe haben, kann es eventuell nötig sein, dass man in der Anlernphase mit einer Hilfsperson arbeitet, die das Setzen der Hinterläufe auf die Sprossen überwacht und notfalls unterstützend beim richtigen Platzieren hilft. Dies erfordert ein gewisses Vertrauen des Hundes zur assistierenden Person.

→ Hier ist wieder besonders wichtig, dass der Hund die Leiter gerade anläuft, da bei schrägem Anlauf die Gefahr herunterzufallen größer ist. Der Hund soll lernen, Leitern in moderatem Tempo Sprosse für Sprosse zu arbeiten. Er soll nicht versuchen, mit einigen Sätzen und in hastigem Tempo darüber zu spurten.

Wenn's bereits gut klappt

Wenn der Hund die Leiter sicher läuft, kann man sie mit Dielen kombinieren und allmählich die Höhe und Neigung steigern. Hierbei ist aber zu beachten, dass Hunde völlig steil aufgestellte Leitern nur mit Mühe erklimmen können, aber auf keinen Fall wieder herabsteigen können. Es ist ideal, wenn die Leiter nur eine leichte Neigung hat, dann kann der Hund sie auf- und abwärts bewältigen. Leitern mit runden Sprossen sind für Hunde relativ ungeeignet, da sie hier schlecht Halt

Das Überlaufen einer Leiter wird am Anfang geübt, indem man sie flach auf den Boden legt.

finden. Besser sind Leitern mit flachen oder Vierkantsprossen. Holzleitern sind in der Regel griffiger als Aluleitern. Sowohl die Leiter als auch die Hundepfoten sollten trocken sein, um die Abrutschgefahr zu mindern.

Bei extrem schweren und großen Rassen oder Hunden, die Probleme mit dem Bewegungsapparat haben, sollte man auf das Leiterlaufen verzichten.

Bedeutung und Umsetzung

→ Läuft der Hund sicher über eine Leiter, kann er uns an Orte begleiten, wo er sonst gar nicht oder nur, wenn er von uns getragen wird, hingelangen könnte, was bei größeren Hunden schwierig werden kann.
Auch das Einsteigen in einen Zug oder einen Bus, der häufig eine steile Treppe am Eingang, manchmal sogar mit gelochten Trittbrettern, besitzt, wird somit für den Hund erleichtert, ebenso wie das Steigen einer Freitreppe mit Stufen aus Metallgittern. Denn häufig trauen sich Hunde nicht, diese für sie unsicher wirkenden Stufen zu betreten.

Geht der Hund trittsicher über die Sprossen, wird der Schwierigkeitsgrad gesteigert, indem die Leiter auf einer Seite erhöht aufgestellt wird.

Durch das Laufen über die Hängebrücke verbessert der Hund sein Gleichgewichtsgefühl und verliert die Angst vor einem beweglichen Untergrund.

Hängebrücke

Eine Hängebrücke besteht aus an Seilen aufgereihten Latten, die bei Druck von oben nachgeben. Dadurch wird eine schwebende Lagerung auf einem Untergestell erzielt. Je lockerer die Seile sind und je geringer die Spannung ist, mit der die Seile angebracht sind, umso mehr bewegt sich die Hängebrücke beim Überqueren.

Hier trainiert der Hund sein Gleichgewichtsgefühl und baut die Sicherheit auf, über einen instabilen Untergrund zu laufen. Ist der Hund bereits an schmale Dielen und beweglichen Untergrund gewöhnt, stellt eine Hängebrücke in der Regel kein großes Problem dar. Das Überqueren wird recht schnell gelernt und dann vom Hund mit Begeisterung durchgeführt.

Wenn's bereits gut klappt

Man kann als Variation den Hund mit wechselndem Tempo über die Hängebrücke laufen lassen und am Aufgang, auf dem Mittelteil oder beim Abstieg wechselweise anhalten und verschiedene Positionen wie »Sitz«, »Platz« oder »Steh« einnehmen lassen. Eine weitere Variante ist das Wenden auf der Hängebrücke. Ist die Hängebrücke

Beherrscht der Hund das Laufen über die Hängebrücke, lässt man ihn als Variante auf der Brücke sitzen oder wie hier stehen.

→ Die Hängebrücke ist allerdings ein Gerät, das nicht jedem einfach zur Verfügung steht. Man kann diese Brücke entweder selbst bauen, anfertigen lassen oder in einem Hundeverein, dem in der Regel eine Reihe von sportlichen Geräten zur Verfügung steht, benutzen.

breit genug, kann man auch einen anderen Hund, mit dem sich der eigene Hund verträgt, entgegenlaufen lassen, das erhöht die Bewegung und Absenkung der Hängebrücke und fördert noch mehr die Koordination und gleichzeitig auch das richtige soziale Verhalten.

Bedeutung und Umsetzung

→ Ähnlich wie das Laufen über eine Leiter fördert das Überqueren einer Hängebrücke die Sicherheit des Hundes, wenn er Gitter, freie Treppen oder tatsächlich eine schmale Brücke bei einem Spaziergang überwinden muss, wobei die Hängebrücke durch den wackelnden Untergrund einen erhöhten Schwierigkeitsgrad darstellt.

Wackelbrett

Ein Wackelbrett gibt es in verschiedenen Varianten. Das klassische Wackelbrett ist kreisförmig mit einem Unterteil, das einer flachen Halbkugel entspricht. Dadurch beginnt es zu wackeln, wenn ein Hund darauf springt. Ziel ist es, das Gleichgewicht zu halten und dadurch ruhig auf dem Brett stehen zu bleiben. Eine Variante kann ein Brett – quadratisch oder rechteckig – sein, das an vier Pfosten mit Seilen oder Ketten aufgehängt ist. Je länger die Seile oder Ketten sind, umso größer ist die Pendelbewegung und umso schwieriger ist es für den Hund, das Wackeln auszugleichen.

Am Anfang kann es hilfreich sein, das Brett etwas abzustützen, damit es nicht gleich mit vollem Ausschlag wackelt. Die meisten Hunde finden hier sehr schnell eine Technik, um das Wackeln des Brettes auszugleichen, und haben Spaß daran, auf das Brett zu springen und sich dann auszubalancieren. Beim Anlernen kann es anfangs hilfreich sein, wenn sich der Hund auf das Brett setzt, denn so fällt es ihm leichter, das Gleichgewicht zu halten.

Das klassische Wackelbrett ist kreisförmig. Zunächst kann man das Brett an einer Seite festhalten, damit der Hund Vertrauen zu diesem Untergrund findet (a). Später soll er allein darauf sein Gleichgewicht finden (b).

Wenn's bereits gut klappt

Hat der Hund das Balancieren schon gelernt, kann man den Schwierigkeitsgrad erhöhen, indem man ihn nacheinander auch verschiedene Positionen wie »Sitz«, »Platz« oder »Steh« einnehmen lässt und zwischen diesen Positionen mehrfach wechselt.

Bedeutung und Umsetzung

→ Wenn man im Urlaub den Hund beispielsweise zu einer Seilbahnfahrt mitnehmen möchte, wird es ihn wenig beeindrucken, da er wackelnde und schwebende Untergründe schon kennt. Man kann dann die Fahrt zusammen mit einem entspannten Hund genießen. Für solche Unternehmungen empfiehlt es sich übrigens, dem Hund ein gut sitzendes Geschirr anzulegen, damit er nicht aus dem Halsband schlüpfen kann und man eine bessere Kontrolle über ihn hat.

Das an Ketten aufgehängte Brett ist eine Variante des Wackelbretts. Mithilfe von Leckerli als Bestätigung wird der Hund zunächst an diesen beweglichen Untergrund gewöhnt.

Hier ist klar zu erkennen, wie der Hund seine Gliedmaßen und Muskeln einsetzen muss, um das Gleichgewicht zu halten.

Fahren auf dem Leiterwagen oder Schubkarren

Bevor man diese Übung durchführt, muss der Hund zunächst lernen, auf den Wagen oder in den Schubkarren zu springen.

Für viele Hunde ist es am Anfang leichter, wenn sie im Wagen oder Schubkarren sitzen dürfen und wenn man auf die Innenfläche eine rutschfeste Unterlage legt, damit sie einen besseren Halt haben.

Springt der Hund gern hinein und fühlt sich auch wohl, fängt man mit sehr sachten Fahrbewegungen an. Wird der Hund sicherer und bleibt ruhig auf dem Gefährt sitzen oder stehen, kann man das Tempo und die Länge der Fahrstrecke allmählich steigern.

Will der Hund am Anfang nicht im Wagen oder in dem Schubkarren bleiben, sobald es anfängt zu wackeln und die Fahrt losgeht, benötigt man eventuell vorübergehend eine Hilfsperson, die den Hund absichert und positiv bestärkt zum Beispiel durch Leckerli, damit er etwas abgelenkt wird und den Aufenthalt in dem Gefährt als angenehmer empfindet.

Wenn's bereits gut klappt

Als Steigerung kann man dann den Hund auch auf den bereits fahrenden Wagen springen lassen oder man fährt mit dem Schubkarren verschiedene Kurven, über Steigungen oder einen kleinen Slalom.

Anfangs ist das Mitfahren auf der Schubkarre Hunden in der Regel nicht ganz geheuer. Typisch ist auch, dass sie wie hier seitlich auf den Boden schauen, vermutlich aus einem Gefühl nach Sicherheit heraus.

Bedeutung und Umsetzung

In der Regel muss ein Hund zwar nicht in einem Karren transportiert werden. Diese Übung fördert aber sehr die Koordination und baut mögliche Ängste vor ungewohnten Situationen ab. Außerdem ist diese Übung durchaus vergleichbar mit dem Transport in einem Sessellift. Wer also seinen Hund bei einer Bergtour mitnehmen möchte, sollte ihn vorher an dieses »Gefahrenwerden« gewöhnen.
Auch hier gilt es, zur Sicherheit den Hund dann mit einem Geschirr anzuleinen, damit er im Notfall nicht aus dem Halsband rutscht.

Auf einem Leiterwagen haben Hunde einen guten Halt. Das Mitfahren ist sowohl für die Hunde – ob klein oder groß – als auch für die Menschen eine abwechslungsreiche Beschäftigung, die allen Spaß macht.

Skateboard fahren

Mit einem Skateboard zu fahren macht vielen Hunden großen Spaß. Zunächst wird auch hier der Hund langsam an das Skateboard herangeführt. Anfangs hält man ihn am besten fest, damit er sich an die Fahrbewegung gewöhnen kann. Mit der Zeit gewinnt er an Sicherheit und lernt auch, besser auf dem Skatboard zu balancieren.

Wenn's bereits gut klappt

Hat er sich gut daran gewöhnt, kann man dann mit weiterführendem Training den Hund verschiedene Varianten erarbeiten lassen:

- Der Hund steigt auf das stehende Skateboard und lernt, mit einem oder beiden Hinterbeinen anzuschieben.
- Der Hund springt mit Schwung auf das stehende Skateboard und bringt es dadurch in Bewegung.
- Man schiebt das Skateboard an und der Hund springt auf das fahrende Board.
- Der Profi unter den vierbeinigen Skateboardfahrern kombiniert dann auch oft verschiedene Varianten.

Wichtig ist, dass man nur auf relativ ebenen Strecken mit nicht zu viel Gefälle übt, damit das Skateboard nicht von allein wegrollt und ein zu hohes Tempo erreicht.

Es ist auch eine Variante möglich, bei der das Mensch-Hund-Team gemeinsam die Übung durchführt. Hierzu legt man dem Hund ein Brustgeschirr an und befestigt daran eine Leine. Dann stellt man sich selbst auf das Skateboard und lässt sich vom Hund ziehen.

Bedeutung und Umsetzung

→ Diese Übung ist für alle Hunde ideal, die einen enormen Bewegungsdrang haben, da sie auf völlig ungewohnte Art ihre Muskulatur nutzen und ihre Beine ganz gezielt und koordiniert einsetzen müssen. Für kräftige Hunde, die gern etwas ziehen, oder Schlittenhunde ist die Variante in Verbindung mit dem Menschen, der sich auf dem Skateboard ziehen lässt, sehr geeignet.

Das Skateboardfahren erfordert schon eine gewisse Geschicklichkeit. Dieser Kurzhaar-Collie schiebt mit dem linken Hinterbein, während er perfekt auf dem Brett balanciert.

Wagen ziehen

Gerade große und kräftige Hunde sind für diese Beschäftigung besonders geeignet. Bei mittelgroßen Hunden können auch zwei und mehr Hunde vor einen Wagen gespannt werden. Schlittenhunde sind für diese Aufgabe geboren und wollen mit viel Tempo arbeiten, während alte Zughunderassen wie zum Beispiel der Große Schweizer Sennenhund diese Arbeit eher in gemächlichem Tempo durchführen. Wichtig sind ein passendes Geschirr und ein für den jeweiligen Hundetyp geeigneter Wagen. Im Winter bei Schnee eignet sich natürlich auch ein Schlitten. Man sollte den Hund vor allem beim Anlernen zunächst mit einer zusätzlichen Leine kontrollieren und ihn langsam daran gewöhnen, dass ihm der Wagen folgt. Es gibt Hunde, die eine ganze Zeit brauchen, bis sie sich an den Wagen hinter sich gewöhnt haben, um sich schließlich unbefangen bewegen zu können.

Man kann dem Hund auch beibringen, die Deichsel ins Maul zu nehmen und einen Wagen über ein kurzes Stück auf diese Art zu ziehen. Hat man mehrere Hunde zur Verfügung, kann diese Übung auch mit der vorherigen kombiniert werden. Dann sitzt der eine Hund im Wagen, während der andere Hund zieht.

Bei dieser Version des Wagenziehens muss der Hund erst lernen, die Deichsel mit dem Maul festzuhalten, um auf diese Weise den Wagen zu ziehen. Hat er noch einen geeigneten Beifahrer, sind mehrere Hunde gleichzeitig beschäftigt.

Bedeutung und Umsetzung

→ Diese Übung ist immer sinnvoll einsetzbar, wenn man bestimmte Gegenstände irgendwohin transportieren muss. So kann man den Hund wie früher als Helfer einsetzen, um zum Beispiel die Milchkanne zu transportieren, die man beim Bauern abholt. Muss man draußen Tiere wie zum Beispiel Schafe oder Pferde mit Heu versorgen, kann man den Hund im Winter mit einem Schlitten für den Transport des Heus einsetzen, wenn man mit dem Auto mal nicht mehr durchkommt. So wird die Kraft des Hundes sinnvoll genutzt und der Hund hat Freude, dass er uns begleiten kann und eine eigene Aufgabe erhält. Das Gewicht, das der Hund ziehen soll, muss aber immer auf das Eigengewicht und somit auf die Kraft und die Konstitution des Hundes abgestimmt sein.

Fahrrad-Jöring

Für Schlittenhunde ist das Fahrrad-Jöring eine beliebte Variante für das Ziehen eines Gefährts. Mit entsprechendem Geschirr und einer speziellen Zugleine wird der Hund vor ein Fahrrad gespannt, um auf diese Weise seinen Menschen auf dem Zweirad zu ziehen.

Hierfür sollten aber nur Wald- und Feldwege genutzt werden, auf keinen Fall stark befahrene Straßen. Ebenso empfiehlt es sich, für rasante und längere Touren eine gewisse Schutzkleidung wie beispielsweise für Inline-Skater anzulegen.

Packtaschen tragen

Das Tragen von Packtaschen ist eine sinnvolle und auch nützliche Beschäftigung für fast alle Hunde. Nur bei Hunden mit einer extrem langen Wirbelsäule oder älteren Hunde mit Gelenkproblemen sollten man auf solch eine Aufgabe verzichten oder sie höchstens mit einem sehr geringen Gewicht belasten, wenn sie gern etwas tragen möchten.

Speziell für Hunde entworfene Packtaschen sind im Fachhandel erhältlich. Mittlerweile gibt es unzählige Modelle in verschiedenen Preisklassen. Beim Kauf sollten die Packtaschen unbedingt dem Hund anprobiert

Nordische Hunde ziehen gern Schlitten. Wenn sie dazu keine Möglichkeit haben, können sie durch Fahrrad-Jöring ihren enormen Bewegungsdrang ausleben.

werden. Auf folgende Kriterien ist bei der Wahl unbedingt zu achten:

- Sie sollten verstellbar sein, damit sie dem Hund individuell anzupassen sind und in der Größe und Ausführung dem Körperbau des Hundes entsprechen.
- Sie müssen einen guten Sitz haben, damit sie sich nicht beim Tragen verschieben und zum Beispiel beim Bergablaufen dem Hund ins Genick rutschen.
- Sie sollen gut gepolstert sein und keine scharfkantigen Riemen oder andere Teile haben, damit der Hund keine Druckstellen bekommen kann.
- Taschen, die länger und bei warmen Temperaturen getragen werden, sollen eine gute Luftzirkulation aufweisen.

Gewöhnt man den Hund zunächst an das Tragen eines Geschirrs, ist es relativ leicht, ihn auch an das Tragen von Packtaschen zu gewöhnen. Zunächst legt man nur kurze Strecken mit dem angeleinten Hund zurück. Mit der Zeit steigert man dann langsam die Dauer des Tragens und das Gewicht der Taschen.

→ Als Faustregel gilt, dass ein ausgewachsener, gesunder und trainierter Hund bis zu 25 Prozent seines Körpergewichtes problemlos auch über längere Zeit tragen kann.

Hunde, die noch nicht ausgewachsen sind, können zwar bereits an das Tragen der Taschen gewöhnt werden, die Taschen dürfen aber dabei noch nicht beladen sein.

Hunde, die anfangs durch die Taschen irritiert werden, kann man besser an das Tragen gewöhnen, indem man sie mit Futterbelohnungen ablenkt und in abwechslungsreichem Gelände unterwegs ist.

Bedeutung und Umsetzung

→ Der Hund kann bei Wandertouren zum Beispiel sein Futter, Wasser und andere Gegenstände selbst tragen oder bei Einkäufen einen Teil der Waren. Durch das Tragen von Packtaschen über eine längere Strecke tritt ein gewisser Trainingseffekt ein, der sich positiv auf die Fitness des Hundes auswirkt. Auch die Kraft des Hundes wird auf diese Weise sinnvoll eingesetzt. Das ist besonders günstig für Hunde, die aus bestimmten Gründen viel an der Leine laufen müssen (zum Beispiel wegen ungezügelten Jagdtriebs wie bei vielen Schlittenhunderassen oder einfach wegen eines Leinenzwangs in einer bestimmten Gegend). Sie erhalten so eine sinnvolle Aufgabe und werden dadurch natürlich auch besser ausgelastet.

Auf einem Podest kann ein Hund das sichere Balancieren üben, was ihm auch draußen in unwegsamem Gelände mehr Sicherheit gibt.

Gleichgewichtsübung auf einem Podest

Hierbei handelt es sich um eine ganz wichtige Übung zum Balancieren, Ausrichten und Stabilisieren des Körpers, wobei die Koordination eine besondere Rolle spielt. Für diese Übung kann man unterschiedliche Gegenstände wie zum Beispiel Tonnen oder Eimer verwenden, ebenso sind auch natürliche Hindernisse wie abgesägte Baumstämme oder große Steine geeignet.

Der Hund lernt zunächst, auf das jeweilige Gerät zu springen und seine Beine eng aneinanderzustellen, um auf diese Weise das Gleichgewicht zu halten. Sie werden staunen, auf welch kleine Flächen ein Hund, der mit solchen Übungen schon gefördert wurde, aufspringen und sich dann oben halten kann. Anfangs ist es für viele Hunde allerdings einfacher, wenn sie sich auf das Podest setzen können.

Manche Hunde haben Probleme, den Schwung des Aufsprungs abzufangen und können sich nicht oben halten, sondern müssen gleich wieder nach vorn abspringen. Man kann dem Hund dann dadurch helfen, dass man ihn zunächst einmal auf das Podest hebt, damit er ein Gefühl dafür bekommt, dass die Fläche oben durchaus ausreicht, um anzuhalten.

Alternativ kann man auch folgende Methode versuchen: Man lässt den Hund mit einem gewissen Abstand zum Podest warten und begibt sich auf die andere Seite. Dann ruft man den Hund direkt zu sich, sodass er frontal auf das Podest springen muss. Hierbei wird er mit weniger Schwung aufspringen, weil der Mensch als »Barriere« auf der anderen Seite steht.

Manche Hunde mit etwas weniger Sprungkraft oder solche, die ihre körperlichen und motorischen Fähigkeiten noch nicht gut einschätzen können, werden anfangs vielleicht nur mit den Vorderbeinen auf das Podest steigen. Dann kann es schwierig werden, sie dazu zu motivieren, die Hinterbeine nachzuziehen. In diesem Fall sollte man die Übung so vorbereiten, dass der Hund mehr Anlauf nimmt. Oder man gibt dem Hund Hilfestellung, indem man ihn dabei unterstützt, mit den Hinterbeinen auf das Podest zu steigen. Hat der Hund mehr Vertrauen zu dem Podest, wird er auch mit mehr Schwung und Freude hinaufspringen.

Wenn's bereits gut klappt

Zur Steigerung des Schwierigkeitsgrades kann man den Hund auf der kleinen Fläche verschiedene Positionen einnehmen lassen und ihn die Positionen wechseln lassen. Man kann auch mehrere standsichere Podeste aufstellen, sodass der Hund von einem Podest zum nächsten springen kann. Eine weitere Variante wäre es, den Hund aus immer größerer Entfernung zum Menschen auf das Podest springen zu lassen. Dies gehört dann zu der Distanzarbeit, die später noch beschrieben wird.

Bedeutung und Umsetzung

→ Das sichere Balancieren auf einer kleinen Fläche kann überall in der Natur für einen Hund wichtig sein: in einer felsigen Gegend, im Gebirge oder in einem Gewässer, dessen Uferbereich mit großen Steinen bedeckt ist. Kann der Hund seine Beine so koordiniert einsetzen, dass er auch auf kleinstem Raum Gleichgewicht hält, ist die Gefahr, abzustürzen oder abzurutschen und sich dadurch zu verletzten oder die Pfoten einzuklemmen, viel geringer.

Geschicklichkeitsparcours im Haus

Aus Stühlen und anderen Gegenständen aus dem Haushalt kann man sich bei schlechtem Wetter oder im Winter auch eine Art Geschicklichkeitsparcours im Zimmer aufbauen. Hierfür stellt man zum Beispiel eine Reihe von Stühlen dicht nebeneinander, unter denen der Hund hindurchkriechen bzw. -laufen muss. Anfangs legt man am besten eine Futterspur unter den Stühlen, die der Hund dann verfolgt. Hat er verstanden, worum es bei dieser Übung geht, kann man die Futterbelohnung allmählich abbauen.

Eine Steigerung des Schwierigkeitsgrades erfolgt, wenn man zwischen die Stühle Plastikfolien (hierfür eignen sich auch Müllsäcke), Alufolien, Zeitungen und Ähnliches hängt. Dann muss der Hund diese Folien zur Seite schieben oder unter ihnen hindurchkriechen.

Hierbei lernt er, dem Menschen zu vertrauen und unter den Folien hindurch weiterzuge-

Bei schlechtem Wetter lässt sich ein Geschicklichkeitsparcours ganz einfach zu Hause aufbauen. Hierbei lernt der Hund außerdem, Ängste vor ungewohnten Situationen oder Geräuschen abzubauen.

hen, ohne sehen zu können, was ihn dahinter erwartet. Durch verschiedene Knitter- und Flattergeräusche, die erzeugt werden, wenn der Hund unter den Folien hindurchgeht, kann man ihn gleichzeitig an neue Geräusche gewöhnen. Dies ist eine sehr sinnvolle Übung für geräuschempfindliche Hunde, um diese allmählich mit den unterschiedlichsten Geräuschen vertraut zu machen.

Für diese Übung beginnt man mit Folie an einer Stelle und fügt dann allmählich weitere an verschiedenen Stellen hinzu. Zu Beginn lässt man die Folien nicht ganz bis zum Boden reichen, damit der Hund noch unten hindurchschauen kann. Wenn er dann diese Aufgabe sicher bewältigt, senkt man die Folien immer weiter ab, bis sie direkt auf dem Boden aufliegen.

Dies ist nur ein Beispiel dafür, wie Sie in der Wohnung mit verschiedenen Möbelstücken und Gegenständen einen Parcours aufbauen können. Der Fantasie sind da keine Grenzen gesetzt. So entstehen eine Reihe verschiedener Beschäftigungsmöglichkeiten, bei denen der Hund kleine Hindernisse umgehen muss oder über die er drüber oder untendurch laufen muss. Bitte achten Sie aber darauf, dass alle Sachen standsicher sind und für den Hund kein Verletzungsrisiko besteht.

Bedeutung und Umsetzung

→ Wie schon oben erwähnt, fördern solche Übungen nicht nur die Geschicklichkeit und Motorik, sondern bauen auch eventuell vorhandene Ängste vor Geräuschen oder bestimmten Materialien ab, was sich für den Hund im Alltag besonders in ungewohnten Umgebungen sehr positiv auswirkt. Ebenso steigert es das Vertrauen zum Menschen und fördert somit die Verbindung zwischen Mensch und Hund.

In der Natur gibt es unzählige Möglichkeiten, das Körperbewusstsein zu schulen.

Geschicklichkeitsübungen in der Natur

Für viele der oben aufgeführten Beschäftigungsarten, die Motorik, Geschicklichkeit und Körperbewusstsein fördern, findet man auch in der Natur beim Spaziergang tolle Möglichkeiten in Form von Baumstämmen, Steinen, Brücken über Bächen, schräg stehenden dickeren Bäumen und vieles mehr, an denen die beschriebenen Übungen in vielen Varianten durchgeführt werden können. Schauen Sie sich um, und Sie werden immer wieder neue und spannende Aufgaben für Ihren Hund finden. Ihrer Kreation sind hier keine Grenzen gesetzt. Mit etwas handwerklichem Geschick und Kreativität kann man auch selbst einen Abenteuerspielplatz für Hunde zusammenstellen und aufbauen.

Achtung

➔ Man sollte jedoch keine Silageballen (in Folie verpacktes Schnittgut) benutzen, da diese verderben, wenn die Folie beschädigt wird (was durch Hundepfoten leicht geschehen kann) und dem Landwirt dadurch erheblicher Schaden entsteht. Der Hund sollte auch nicht auf öffentlichen Kinderspielplätzen auf die Geräte geschickt werden, es sei denn, es ist mit der zuständigen Stelle abgeklärt und genehmigt.

Nasenarbeit

Der bewusste Einsatz des Geruchsinns und die Unterscheidung und das Herausfiltern von bestimmten Gerüchen und Geruchsbildern werden durch die Nasenarbeit gefördert. Gleichzeitig wird dadurch die Merkfähigkeit des Hundes trainiert und Sie selbst werden mehr Vertrauen zu den Fähigkeiten Ihres Hundes fassen.

Bei der Nasenarbeit kann man die Nasenleistung des Hundes gezielt und sinnvoll einsetzen. Hunde, die hier gefördert und geschult werden, neigen meist weniger zum unkontrollierten Stöbern und Verfolgen von Wildfährten. Länger andauernde Übungseinheiten in diesem Bereich erfordern aber einen sorgfältigen Trainingsaufbau und eine gute Kondition des Hundes.

Fährtenarbeit

Die Fährtenarbeit ist zwar eine Disziplin der Vielseitigkeitsprüfung klassischer Gebrauchshunde. Aber auch jeder andere Hund kann durchaus eine Futterfährte erarbeiten. Hierfür beginnt man am besten mit einer Fährte in einem Acker oder einer nicht zu hohen Wiese. Am Anfang kann man den Hund in der Nähe anbinden und zuschauen lassen, um es ihm etwas zu erleichtern. Man legt eine deutliche Fährte, indem man in regelmäßigen Abständen in seine eigenen Fußabdrücke jeweils einen Futterbrocken legt. Der Anfang der Fährte wird markiert, um ihn auch wieder gut zu finden. Außerdem ist es für den Hund ein deutlicher Beginn der Fährte, der so genannte Ansatz.

Die Fährtenarbeit gehört zu den klassischen Disziplinen der Nasenarbeit.

Anfangs legt man nur kurze Fährten (etwa 50 bis 100 Schritte) mit wenigen und nicht zu spitzen Winkeln. Allmählich kann man dann den Schwierigkeitsgrad steigern, indem man die Länge der Fährte erhöht, einen Geländewechsel und das Überqueren von Wegen oder eine Verleitungsfährte einer anderen Person kreuzt.

Denken Sie aber daran, dass nur jeweils eine Fährte pro Trainingseinheit gearbeitet wird, damit sich der Hund gut konzentrieren kann und nicht überfordert wird. Auch sollten für jede Fährte immer neue Flächen gewählt werden, da die Gerüche einerseits lange bestehen bleiben und der Hund sich andererseits immer mit seinem Geruchssinn und nicht durch seine Erinnerung an die letzte Fährte orientieren soll.

Je mehr Zeit verstreicht, bis der Hund die Fährte absuchen darf, umso schwieriger wird es für den Hund. Das Wetter hat ebenfalls einen Einfluss auf den Schwierigkeitsgrad. So wirken sich zum Beispiel starker Wind und Regen erschwerend aus, aber auch sehr trockene Böden sind für den Hund nicht einfach abzusuchen. Ans Ende der Fährte kann man eine besonders große Futterbelohnung oder ein Spielzeug legen.

Es ist sinnvoll, wenn der Hund für die Fährtenarbeit ein Geschirr und eine längere Leine angelegt bekommt. Wenn der Hund Ihre eigenen Fährten sicher ausarbeitet, können Sie auch andere Personen bitten, eine Fährte zu legen. Ebenso können Sie dann auch Gegenstände einbauen, die auf der Fährte liegen und die der Hund ebenfalls auffinden soll. Wenn man selbst nicht weiß, wie die Fährte verläuft, steigert das den Anspruch der Übung und auch die Spannung. So lernt man selbst mit der Zeit, sich auf den Geruchssinn seines Hundes zu verlassen.

Bedeutung und Umsetzung

Fährtenarbeit ist für den Hund nicht in erster Linie wegen der körperlichen Bewegung, sondern wegen dem Einsatz des Geruchssinnes anstrengend. Fährten ist ein toller Ausgleich auch für ältere Hunde, die nicht mehr springen sollen oder wollen, ebenso wie für Hunde, die körperlich nicht zu sehr belastet werden dürfen, da sie vielleicht an Gelenkerkrankungen leiden. Auch kann man schon im Welpenalter mit dem Fährtentraining beginnen. Die Länge der Fährte sollte jedoch immer an die Kondition des Hundes angepasst sein. Ein routinierter Fährtensucher mit guter Kondition kann eine Länge von 1500 bis 2000 Schritten ohne Probleme ausarbeiten.

Kleine Wurststückchen sind für die Fährtenarbeit ideal.

Verlorensuche

Eine Abwandlung der Fährtenarbeit ist die Verlorensuche. Hierzu läuft man mit einem Hund, der das Fährten schon kennt, eine gewisse Strecke, während der man geplant einen Gegenstand verliert und danach noch ein Stückchen weiter läuft. Anschließend soll der Hund die Fährte zurück ausarbeiten, um den Gegenstand zu finden. Zum Anlernen ist es zu Beginn sinnvoll, wenn man ein Spielzeug des Hundes verliert, da es für den Hund eine ganz besondere Bestätigung ist, wenn er sein eigenes Lieblingsspielzeug findet.

→ Hat der Hund das Prinzip dieser Aufgabe begriffen hat, kann man auch andere Gegenstände verlieren bzw. auslegen.

Eine Variante der Verlorensuche ist das Finden von verstecktem Futter und versteckten Gegenständen. Solche Übungen kann man auch sehr gut in der Wohnung oder dem Garten durchführen. Der Hund darf anfangs zuschauen, wie man das Futter oder den Gegenstand (am besten ein Spielzeug) versteckt. Hat er den Ablauf begriffen, steigert man den Schwierigkeitsgrad und die Spannung dadurch, dass der Hund nicht mehr beobachten kann, wie man den Gegenstand versteckt.

Hierfür lässt man den Hund an einer bestimmten Stelle sitzen oder liegen. Dann entfernt man sich mit einem ausgewählten Gegenstand, bis man für den Hund außer Sicht ist, zum Beispiel hinter einem Baum, einem Gebüsch, einem Schuppen oder im Haus in einem anderen Zimmer oder Stockwerk. Dann legt man dort den Gegenstand ab und kehrt zum Hund zurück. Erst jetzt bekommt er die Aufforderung, nach dem Gegenstand zu suchen. Er wird Ihre Spur verfolgen und den verlorenen Gegenstand mit Freude zurückbringen.

Eine weitere Steigerung ist, wenn man den Gegenstand nicht direkt auf dem Boden, sondern etwas erhöht versteckt. Man kann ihn auch mit Ästen, Stroh, Laub oder Ähnlichem abdecken, sodass der Hund ihn zusätzlich noch ausgraben muss.

Bedeutung und Umsetzung

→ Die Übung kann für den Alltag einmal sehr nützlich sein, wenn man selbst beim Spaziergang zum Beispiel seinen Schlüssel, sein Handy oder die Hundeleine verliert. Somit ist die Verlorensuche besonders für den Menschen eine sehr sinnvolle Beschäftigung seines Vierbeiners.

Menschen suchen

Die Suche nach versteckten Menschen ist ein wenig von der Rettungshundearbeit abgeleitet. Die meisten Hunde haben Spaß daran und man kann auch die Aufmerksamkeit und Bindung des Hundes beim Spaziergang steigern, wenn man sich ab und zu versteckt, ohne dass es der Hund gleich mitbekommt.

Anfangs kann man auch eine Hilfsperson bitten, den Hund festzuhalten, während man sich versteckt. Kann der Hund zuschauen, wie man sich versteckt, wird er zunächst bei seiner Suche eher die Augen und Ohren einsetzen. Versteckt man sich aber, während der Hund nicht zuschauen darf und so nicht sehen kann, wo man sich versteckt hat, und verhält sich dabei ganz leise, wird der Hund zwangsläufig mehr und mehr seine Nase einsetzen. Er kann zum einen die Fährte verfolgen oder mit hoher Nase nach dem Geruch des Menschen stöbern. Wenn der Hund einen dann wieder gefunden hat, ist die Freude groß und man sollte ihn natürlich kräftig loben.

Man kann diese Suche dann auf andere Menschen (zum Beispiel Familienmitglieder) übertragen. Der Hund kann auch lernen, einen selbst zu einer versteckten Person zu führen oder durch Bellen anzuzeigen, wenn er eine Person gefunden hat. Dazu lernt er zunächst auf Kommando zu bellen. Dazu lassen sich viele Hunde animieren, wenn man etwas Leckeres zu fressen hat, der Hund aber nicht dran kommt. Wenn er dann aus Frust bellt, bekommt er das Leckerli zur Belohnung. Das Bellen verbindet man dann mit einem Hörzeichen. Bei anderen Hunden funktioniert es besser mit einem Spielzeug, aber nach dem gleichen Prinzip.
Eine weitere Möglichkeit ist es, den Hund anzubinden und mit Spielzeug oder Leckerli zu reizen, ohne dass er es bekommt. Sobald er einen Ton von sich gibt, wird er sofort bestätigt. Allmählich kann der Hund dann auf Kommando bellen.

Nun übt man, dass eine andere Person Leckerli oder Spielzeug hat und es dem Hund gibt, wenn er vor ihr bellt. Dann versteckt sich die Person und gibt dem Hund die Belohnung, sobald er bellt. Man sollte darauf achten, dass man dann den Hund nur kontrolliert zum Suchen von Personen schickt. Der Hund soll nicht aus eigenem Antrieb fremde Personen aufspüren und verbellen, denn das stößt bei unbeteiligten Passanten in der Regel auf wenig Sympathie, da sie nicht verstehen würden, weshalb der Hund sie anbellt. Wichtig ist auch noch, dass Sie dem Hund nicht nur ein Hörzeichen zum Bellen beibringen, sondern auch eines zum Stillsein.

Bedeutung und Umsetzung

→ Das Versteckspielen fördert nicht nur die Aufmerksamkeit und die Bindung des Hundes zu seinem Menschen, sondern kann auch manchmal recht sinnvoll sein, wenn man in fremden Gegenden unterwegs ist. Hunde, die sich beim Spaziergang etwas weiter von ihren Menschen entfernen, also nicht ständig ganz in der Nähe sind, können diese auch mal aus den Augen verlieren, wenn sie abbiegen und von Bäumen oder Hecken verdeckt werden. Da sich Hunde meistens regelmäßig nach ihren Menschen umschauen, werden sie sich in diesem Fall sofort auf die Suche machen und ihren Rudelführer schnell mit der Nase wiederfinden. Auch kann es mal sein, dass ein Hund im Urlaub eine spannende Spur verfolgt und man ihn nicht rechtzeitig abgerufen oder angeleint hat. Dann wird er dennoch aufgrund seiner eigenen Spur den Weg zurückfinden.

Das Versteckspielen draußen in der Natur macht dem Hund sehr viel Freude. Gleichzeitig muss er alle seine Sinne einsetzen, wenn er seinen Menschen nicht mehr sehen kann.

Auch die Leckerlisuche unter Hütchen gehört zur Nasenarbeit, da der Hund ausschließlich aufgrund des Geruchs das Leckerli finden kann.

Leckerlisuche mit Hütchen

Für diese Übung benötigt man mehrere Hütchen, unter denen man Leckerlis verstecken kann. Hierfür eignen sich zum Beispiel kleine Blumentöpfe aus Ton oder Kunststoff, Joghurtbecher oder Ähnliches. Für kleinere Hunde sollte man zum Anlernen leichteres Material bevorzugen. Für größere Hunde oder wenn man den Schwierigkeitsgrad steigern möchte, kann man schwerere und größere Töpfe verwenden.

Man versteckt nun unter einem Topf ein Leckerli. Der Hund darf natürlich anfangs immer zuschauen, wie man das Futter versteckt. Dann wird er losgeschickt, um das Leckerli unter einem der Hütchen zu finden. Er soll mit der Pfote oder Schnauze das Hütchen umstoßen, um selbst an das Futter zu gelangen. Eine andere Variante ist, dass sich der Hund vor das richtige Hütchen setzt oder legt und es dadurch anzeigt. Anschließend wird ihm das Hütchen angehoben und er kann das Futter fressen.

Wenn's bereits gut klappt

Will man es für den Hund schwieriger gestalten, darf er beim Auslegen des Futters nicht zuschauen.

Dann muss er für die Suche des Leckerlis seine Nase einsetzen. Alternativ kann man den Hund beim Auslegen des Futters auch zuschauen lassen, verschiebt aber nochmals alle Hütchen, nachdem das Futter darunter liegt, und erschwert somit ebenfalls die Übung für den Hund.

Gegenstände durch Geruch identifizieren

Bei dieser Übung legt oder wirft man ein Spielzeug zwischen andere Gegenstände. Der Hund soll anschließend sein Spielzeug herausfinden und bringen.

Es ist von Vorteil, wenn man dem Hund das Apportieren in einem sorgfältigen Grundaufbau, wie es im nächsten Kapitel erklärt wird, vorher beigebracht hat. Dann ist

es für ihn leichter, die Aufgabe zu bewerkstelligen.

Sie können diese Aufgabe auch auf persönliche Dinge wie zum Beispiel Ihren eigenen Schlüssel übertragen. Bei dieser Übung kann sich der Hund sowohl an seinem eigenen Geruch oder auch an Ihrem persönlichen Geruch orientieren.

Hat man mit dem Ablauf Probleme, weil der Hund wahllos Gegenstände bringen möchte und nicht nach dem gewünschten Gegenstand sucht, kann man zum Beispiel die Gegenstände, die er nicht bringen soll, auf einem Brett befestigen. Dann kann er nur den Gegenstand aufnehmen, den er auch bringen soll.

So verknüpft der Hund allmählich, welcher Gegenstand gemeint ist. Es ist auch hilfreich, wenn der Hund den Gegenstand vorher im Maul hatte, da er den Geruch seines eigenen Speichels sehr einfach erkennt.

Wenn's bereits gut klappt

Wenn man den Anspruch erhöhen möchte, gibt man dem Hund den Gegenstand vorher nicht mehr ins Maul, sondern nimmt ihn nur selbst länger in die Hand.
Dann soll der Hund den richtigen Gegenstand aufgrund des menschlichen Geruchs herausfinden. Schwieriger wird es auch, wenn man mehrere gleich aussehende Gegenstände verwendet, die sich nur durch den Geruch unterscheiden.

Bedeutung und Umsetzung

→ Im Alltag ist es von Vorteil, wenn der Hund wirklich nur sein eigenes Spielzeug bringt und nicht alle möglichen Gegenstände herumträgt, die er zufällig im Haus findet. Für Hundesportler, die Obedience betreiben, ist die Geruchsidentifizierung eine wichtige Übung, die zum Standardprogramm für Fortgeschrittene gehört.

Apportieren und Wurfspiele

Bevor man die Beschäftigungsmöglichkeiten rund um das Apportieren in die Tat umsetzt, sollte der Hund zunächst durch einen sorgfältigen Grundaufbau lernen, verschiedene Gegenstände richtig zu apportieren, das heißt aufzunehmen, ruhig im Fang zu halten (nicht zu zerbeißen) und zur Person zu bringen. Apportieren kann sehr nützlich sein und ist der Schlüssel für viele sinnvolle Übungen. Es ist eine natürliche Verhaltensweise, die auch Wölfe einsetzen, um zum Beispiel Beutestücke über große Distanzen zu tragen. Fast alle jungen Hunde tragen gern Dinge herum. Wenn Sie diese Freude erhalten und das Verhalten auch direkt steuern können, können Sie Ihren Hund sehr viel abwechslungsreicher beschäftigen und er kann auch für Sie selbst in vielen Situationen eine sinnvolle Hilfe sein.

Das ruhige Halten eines Gegenstandes wird am besten aus der Sitzposition heraus geübt.

a – Schon das Annähern mit der Schnauze wird belohnt.

b – Wenn der Hund den Gegenstand aufnimmt, hält man ihn anfangs noch fest und lobt.

c – Wenn der Hund den Gegenstand sicher hält, lässt man ihn für kurze Zeit los.

Grundaufbau Apportieren

Nicht jeder Hund ist der geborene Apportierhund, aber fast jedem Hund kann es mit der richtigen Methode so beigebracht werden, dass es jederzeit und mit den unterschiedlichsten Gegenständen angewandt werden kann.

Der Grundaufbau besteht aus drei Einzelübungen:

- Ruhiges Halten eines Gegenstandes
- Tragen eines Gegenstandes in der Bewegung
- Aufnehmen eines Gegenstandes vom Boden oder von erhöhten Flächen

Ruhiges Halten eines Gegenstandes

Zunächst soll der Hund lernen, Gegenstände ins Maul zu nehmen. Für diesen ersten Lernschritt sollten Sie sich viel Zeit nehmen und viel Geduld haben. Am Anfang ist es sinnvoll, wenn man sich auf einen Stuhl vor den ebenfalls sitzenden Hund setzt. Denn in sitzender Position befindet man sich eher auf Höhe des Hundes und bedrängt oder bedroht ihn nicht dadurch, dass man sich beim Anlernen zu sehr über ihn beugt.

Zu Beginn hält man den Gegenstand (zum Beispiel eine Kunststoffhantel) noch mit einer Hand fest und belohnt schon jedes Mal, wenn sich die Hundeschnauze dem Gegenstand nähert. Dann wird das Ins-Maul-Nehmen belohnt, wobei man den Gegenstand aber immer noch in der Hand behält. Wenn der Hund den Gegenstand sicher festhält, kann man beginnen, für kurze Zeit loszulassen, damit der Hund das Apportel allein festhält. Dann wird ihm der Gegenstand wieder abgenommen, was mit einem Signalwort (zum Beispiel »Gib her« oder »Lass los«) verbunden wird.

Will der Hund das Apportel nicht direkt zu einem bringen, animiert man ihn zum Hochspringen.

Tragen eines Gegenstandes in der Bewegung

Wenn der Hund den Gegenstand in Ruhe sicher hält, wird als Nächstes das Tragen des Gegenstandes in der Bewegung geübt. Es ist am Anfang am besten, wenn man den Hund mit dem Gegenstand im Fang an der lockeren Leine laufen lässt, zunächst im langsamen und dann auch im schnelleren Tempo. So lernt er das sichere Tragen und gewöhnt sich gar nicht erst an, den Gegenstand wegzutragen oder fallen zu lassen. Lässt er ihn doch mal fallen, sollten Sie wieder einen Lernschritt zurückgehen.

Achten Sie immer darauf, dass der Hund den Gegenstand nicht fallen lässt, wenn er keine Motivation zum Tragen mehr hat, sondern dass man den Gegenstand mit dem Signalwort abnimmt, bevor der Hund ihn fallen lässt.

Aufnehmen eines Gegenstandes vom Boden oder von erhöhten Flächen

Für die meisten Hunde ist es ein größerer Anreiz, den Gegenstand aufzunehmen, wenn man ihn am Anfang ein Stück wegwirft. Soll der Hund den Gegenstand von einer erhöhten Fläche aufnehmen, lässt man den Hund im »Sitz« oder »Platz« warten und legt den Gegenstand an die ausgewählte Stelle. Erst wenn man zurückkommt, schickt man den Hund los, das Apportel zu holen.

Wenn alle drei Lernschritte wie Halten, Tragen und Aufnehmen vom Hund sicher beherrscht werden, baut man sie zu einer Kette zusammen. Der Hund lernt also zum ausgelegten, versteckten oder geworfenen Gegenstand zu laufen, ihn aufzunehmen und dann direkt zur Person zu bringen. Will der Hund den Gegenstand nicht zur Person bringen, kann hier der Einsatz einer längeren Leine sinnvoll sein. Man kann den Hund durch Locken und Rückwärtslaufen dazu animieren, den Gegenstand wie gewünscht zu bringen.

Bringt der Hund den Gegenstand nur langsam oder ungern, bietet man ihm einen Tausch an.

Während man das Spielzeug zum Tausch anbietet, soll der Hund das Apportel noch festhalten.

Man nimmt das Apportel ab, während der Hund auf sein Tauschobjekt fixiert ist.

Als Belohnung erhält er das Spielzeug.

➜ Hunde, die den Gegenstand anfangs nicht gern direkt zu einem bringen und abgeben, kann man dazu animieren, dass sie einen mit dem Gegenstand im Fang anspringen. Dann nimmt man ihnen den Gegenstand ab, indem man ihnen Futter oder ein noch beliebteres Spielzeug anbietet und es gegen das Apportel tauscht.

Auch wenn der Hund den Gegenstand nur langsam und zögerlich bringt, kann das Tempo durch den Tausch mit einem anderen Spielzeug oder Futter gesteigert werden. Ob Sie dem Hund beibringen möchten, dass er sich mit dem Gegenstand vor oder neben Sie setzt oder das Apportel im Stehen abgibt, könne Sie natürlich selbst entscheiden.

Viele Hunde bringen das Apportel zwar in die Nähe des Besitzers, werfen ihm dann aber den Gegenstand vor die Füße. Wenn man dieses Verhalten nicht möchte, sollte man es nicht bestätigen. Der Hund wird also nur gelobt oder erhält sein Ersatzspielzeug oder seine Futterbelohnung, wenn er den Gegenstand direkt in die Hand gibt. In hartnäckigen Fällen kann man sich in einem kleinen, begrenzten Raum (zum Beispiel Hausflur) ohne große Ablenkung auf den Boden setzen und mit dem Hund das kontrollierte Abgeben bzw. Tauschen üben.

Will der Hund den Gegenstand zu Hause immer in eine bestimmte Ecke (oft ist es sein Ruheplatz) tragen und nicht zuverlässig bringen, kann man ihn auch überlisten, indem man sich genau in diese Ecke setzt, dort auf den Hund wartet und dann mit ihm übt, dass er den Gegenstand dort leichter abgibt. Wenn das Abgeben dann nur an dieser Stelle klappt, kann es auch für das weitere Üben hilfreich sein, die Decke des Hundes mit nach draußen zu nehmen, um so sein Verhalten in eine andere Umgebung zu übertragen.

Bei Hunden mit schwach ausgeprägtem Spieltrieb empfiehlt sich der Einsatz eines Futterdummys oder eines Futterbeutels (siehe »Dummyarbeit«).

Beim Apportieren sollte der Hund den Gegenstand so lange festhalten, bis er das Signal zum Abgeben erhält.

Bedeutung und Umsetzung

➜ Das Apportieren ist für einen Hund in vielerlei Hinsicht eine äußerst sinnvolle Beschäftigung. Einerseits kann uns der Hund auf diese Weise in den unterschiedlichsten Situationen wirklich helfen, indem er verlorene Gegenstände findet und wieder zu uns zurückträgt, oder uns eine Arbeit abnimmt, indem er etwas, was wir sonst tragen müssten, transportiert wie beispielsweise ein Körbchen mit den frischen Semmeln, eine Zeitung, eine kleine Tasche und vieles mehr.

Aber auch bezüglich der körperlichen Fitness ist das Apportieren äußerst wirkungsvoll. Einerseits muss der Hund seinen Körper koordiniert einsetzen, um einen Gegenstand richtig aufzunehmen und zu tragen, ohne irgendwo anzuecken oder ihn fallen zu lassen. Das Festhalten und Tragen eines Apportels fördert außerdem noch den Aufbau und die Kräftigung der Rückenmuskulatur. Sogar bei Hunden, die gesundheitliche Rückenprobleme haben, wird das Halten und Tragen eines nicht zu schweren Gegenstandes als physiotherapeutische Maßnahme empfohlen.

Ballspiele mit Variationen

Natürlich haben die meisten Hunde einen großen Spaß daran, geworfene Bälle im vollen Lauf zu fangen und dann wieder zurückzubringen. Man muss sich jedoch bewusst sein, dass dieser Bewegungsablauf den Hund sehr einseitig belastet und er im Bereich der Vorderhand und der Wirbelsäule gestaucht wird. Deshalb sollte man diese Übungen nicht zu häufig und zu gleichförmig wiederholen, um die einseitige körperliche Belastung zu vermeiden. Achten Sie auch darauf, dass Ihr Hund Sie nicht ständig zum Ballwerfen auffordert, er seinen Menschen also als »Ballwurfmaschine« benutzt. Gerade einige Hütehundrassen können hier eine regelrechte Sucht entwickeln und laufen dann sozusagen in einer »Endlosschleife«. Abgesehen von der einseitigen körperlichen Belastung fehlt hier dann auch jegliche abwechslungsreiche Kopfarbeit.

Ball- und Apportierspiele sollten daher sowohl vom Ablauf als auch von der körperlichen Belastung her abwechslungsreich gestaltet werden, indem man beispielsweise nicht nur wirft, sondern auch mal den Ball versteckt oder auslegt. Man kann auch mehrere Gegenstände auslegen, die der Hund dann nacheinander bringen soll. Wie in der klassischen Dummyarbeit können Sie den Hund auch warten lassen, bis Sie den Ball oder das Spielzeug geworfen haben, sodass er erst zu dem Apportel laufen darf, wenn es bereits gelandet ist und ruhig liegt.

Der Mensch selbst sollte ebenfalls üben, Gegenstände gezielt werfen zu können.

Achtung

Verwenden Sie bitte keine im Verhältnis zum Hundemaul zu kleinen Bälle, weil dann die Gefahr besteht, dass der Hund den Ball verschluckt. Von Tennisbällen ist ebenfalls abzuraten, da das Material die Zähne abschleifen kann und sie eventuell sogar Giftstoffe enthalten. Dünne und spitze Gegenstände sollten auf keinen Fall geworfen werden. An erster Stelle stehen hier Stöckchen! Fragen Sie mal Ihren Tierarzt, wie oft er schon Rachenverletzungen durch spitze Gegenstände behandeln musste.

Viele Hunde sind auch begeistert von Fußbällen, die man unterschiedlich weit und hoch kicken kann.

Ball- und Apportierspiele gibt es in unzählig vielen Varianten. Wichtig ist, dass der Hund das Spielzeug gern und leicht tragen kann.

Eine weitere Variation des Ballspiels ist die Verwendung eines großen Gymnastikballs, den der Hund nicht aufnehmen kann, sondern mit Nase und Pfoten bewegen muss. Gerade für Hütehunde kann das eine wirklich sinnvolle Ersatzbeschäftigung für das Hüten sein. Denn der Hund kann lernen, den Ball in verschiedene vom Menschen angezeigte Richtungen zu bewegen. Der Hund lernt also, den Ball gezielt vorwärts, nach links oder nach rechts zu bewegen und auch zu stoppen. Die unterschiedlichen Richtungen kann man dem Hund beibringen, indem man den großen Ball neben sich legt und den Hund zum Beispiel im Uhrzeigersinn mehrere Runden um den Ball laufen lässt und dafür ein selbst gewähltes Hörzeichen verwendet. Die andere Richtung übt man ebenso und verwendet dazu ein anderes passendes Hörzeichen. Wenn der Hund beide Richtungen beherrscht und unterscheidet, kann man auch den Wechsel von einer zur anderen Richtung mit ihm üben.

Frisbeespielen

Für das Frisbeespielen sollten nur Scheiben verwendet werden, die speziell für Hunde hergestellt sind. Bei zu harten, nicht für Hunde geeigneten Scheiben können Verletzungen im Bereich des Fangs nicht ausgeschlossen werden.

Bevor man mit dem Frisbeespielen beginnt, muss der Hund zunächst das Aufnehmen und Tragen des Frisbees lernen. Wenn das klappt, kann man mit ihm üben, das Frisbee aus der Bewegung und im Flug zu fangen. Hierbei ist es wichtig, das Frisbee immer in Blick- und Laufrichtung des Hundes zu werfen, damit er sich nicht verdrehen muss. Ebenso sollte der Hund lernen, richtig zu landen. Optimal ist das Landen auf allen vier Pfoten oder auf der Vorderhand. Das Landen auf der Hinterhand sollte vermieden werden, da es auf Dauer zu Gesundheitsproblemen führen kann.

Will man das Frisbee für den Hund weiter und höher werfen, sollte man zunächst selbst das gezielte Werfen des Frisbees ohne Hund üben. Wer damit Probleme hat, kann hierfür auch spezielle Kurse besuchen.

Gerade das Springen nach dem Frisbee und das Fangen in der Luft und aus Drehungen heraus ist eine starke körperliche Belastung, die nur mit gesunden, ausgewachsenen Hunden und auf keinen Fall übertrieben oder zu häufig durchgeführt werden darf. Alternativ kann man auch eine Scheibe verwenden, die schwimmt, und sie aus dem Wasser apportieren lassen.

Beim Frisbeespielen ist es sehr wichtig, dass die Frisbeescheibe weich und für Hunde geeignet ist, um die Verletzungsgefahr im Maul zu mindern.

Dummyarbeit ist nicht nur für Retriever geeignet. Dieser Dalmatiner apportiert gern diese Art von Dummy. Denn hat er es richtig gebracht (a), wird es vom Menschen geöffnet und der Hund darf sich als Belohnung die Leckerlis aus dem Apportel nehmen.(b)

Dummyarbeit

Gerade für Retriever ist das Apportieren von Dummys eine rassegerechte Beschäftigung. Aber auch andere apportierfreudige Hunde lieben die Arbeit mit Dummys. Sie sind der Ersatz für tatsächliche Jagdbeute wie zum Beispiel Enten. Dummys ähneln einer dicken gefüllten Beißwurst. Man kann im freien Gelände, im Wald und im Wasser mit Dummys arbeiten.

Durch das Auslegen verschiedener Dummys in verschiedenen Richtungen und das Einweisen des Hundes auf jeweils ein bestimmtes Dummy kann der Schwierigkeitsgrad erhöht werden.

Zu Beginn der Dummyarbeit steht aber auch der Grundaufbau des Apportierens in Einzelschritten (siehe oben).

Speziell für die Ausbildung sind die Dummys geeignet, die mit Leckerlis gefüllt werden können und einen Klettverschluss besitzen. Wenn der Hund das Dummy richtig apportiert und beim Menschen abgibt, öffnet dieser das Apportel, sodass sich der Hund die eigene Belohnung herausnehmen darf. So lernt er schnell, dass er nur durch das richtige Verhalten an die Belohnung gelangt, weil ausschließlich der Mensch die Tasche mit den Leckerlis öffnen kann.

Gezieltes Bringen und Tragen

Wenn es um das Apportieren geht, kann man seinen Hund auch als Helfer in ganz bestimmten Bereichen einsetzen. Hierzu zählen zum Beispiel das Aufnehmen, Tragen und Bringen von Zeitung, Hausschuh, Schirm, Korb, Handy, Fernbedienung, Papiertaschentüchern und vieles mehr.

Hierbei ist wichtig, dass der Hund die Gegenstände mit weichem Maul aufnimmt, nicht darauf knautscht oder sie zerrupft und zerkaut oder unkontrolliert fallen lässt. Das Gewicht der Gegenstände muss der Größe des Hundes angepasst sein. Gegenstände mit scharfen Kanten dürfen nicht verwendet werden, um eine Verletzungsgefahr zu vermeiden.

Im Haus kann der Hund durch das gezielte Aufnehmen (a) und Bringen (b) bestimmter Gegenstände wie hier einem Handy eine praktische Hilfe sein.

Anfangs kann man für Gegenstände, die einen gewissen Wert haben und die nicht beschädigt werden dürfen wie beispielsweise ein Handy, entweder Attrappen verwenden oder man besorgt sich jeweils alte ausgediente Exemplare, um damit zu üben. So kommt kein übermäßiger Stress auf, weil man Sorge hat, der Hund könnte etwas beschädigen.

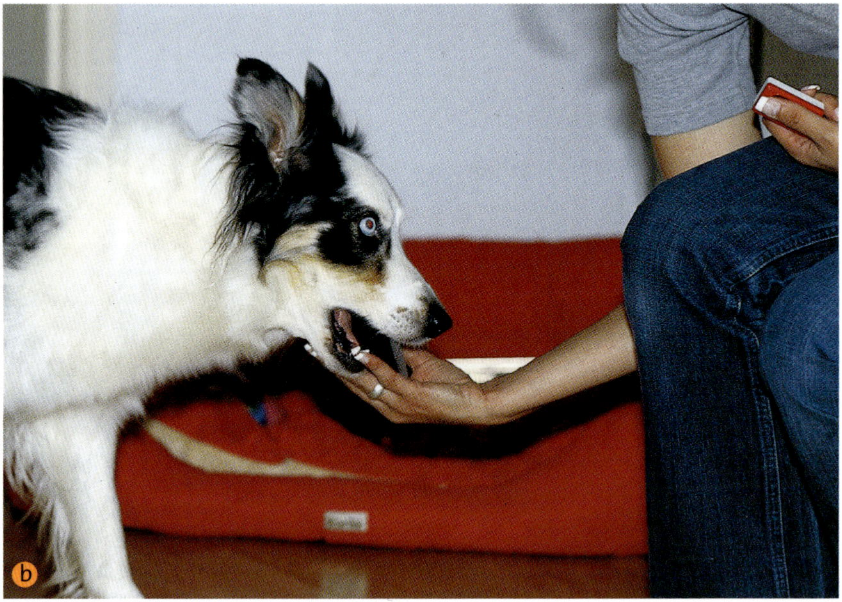

Korb tragen

Gerade etwas größeren und kräftigeren Hunden kann man beibringen, Körbe mit unterschiedlichem Inhalt zu tragen.

Anfangs nimmt man sehr leichte, kleine Körbe und steigert allmählich die Größe und das Gewicht. Sind Dinge im Korb, die den Hund selbst zum Fressen verleiten könnten, lässt man den Korb nur unter Aufsicht tragen, damit sich der Hund nicht angewöhnen kann, den Korb abzustellen und auszuräumen.

Bedeutung und Umsetzung

→ Der Hund kann einem bei alltäglichen Besorgungen wie zum Beispiel dem morgendlichen Einkauf von Brötchen helfen. Er kann auch zu Hause kleine »Botengänge« erledigen, wie zum Beispiel Kartoffeln aus dem Keller holen oder beim Obstpflücken im Garten den gefüllten Korb ins Haus tragen. Ebenso kann man ihn mit dem Korb losschicken, um anderen Familienmitgliedern irgendetwas zu bringen. Mit einem Korb kann er auch Dinge tragen, die ansonsten selbst beim vorsichtigsten Apportieren Schaden nehmen würden oder die der Hund aus hygienischen Gründen nicht ins Maul nehmen sollte.

Das Tragen eines Einkaufskorbs kann man zunächst mit einem leeren Korb üben.

Auch ein Plastikkanister kann von einem Hund transportiert werden.

Schüssel, Napf, Kanister tragen

Man kann dem Hund auch beibringen, seinen Napf oder eine Wasserschüssel (natürlich leer) zu tragen. Näpfe aus Kunststoffmaterial werden natürlich von den meisten Hunden leichter aufgenommen als zum Beispiel ein Napf aus Metall. Das häufige Tragen von Metallgegenständen kann auch die Zähne schädigen, daher ist das Tragen von Plastik- oder Faltnäpfen eher zu empfehlen.

Wenn man den Hund zum Anlernen den Napf immer tragen lässt, bevor er daraus gefüttert wird, wirkt sich das natürlich sehr motivierend aus. Soll er zum Beispiel mit Flüssigkeit gefüllte Behälter tragen, kann man ihm auch beibringen, einen Kanister oder Eimer am Henkel zu tragen. Das Gewicht muss auf jeden Fall auch wieder auf den Hund abgestimmt sein.

Die eigene Futterschüssel zu tragen macht vielen Hunden große Freude, da sie anschließend ja eine große Belohnung erwartet, nämlich das leckere Futter.

Bedeutung und Umsetzung

➔ Der Hund kann seinen Napf selbst holen, wenn er gefüttert wird. Er kann auch seinen Wassernapf bringen, wenn er leer ist. Ist man mit dem Hund unterwegs, kann er seinen Napf auf kürzeren Strecken oder wenn er mal warten muss, selbst mitnehmen.

Das Tragen eines Eies setzt schon eine gewisse Weichmäuligkeit voraus, damit das Ei nicht zu Bruch geht (a).

Anschließend muss das Ei behutsam dem Menschen in die Hand gegeben werden (b).

Eier tragen

Für einen Hund, der besonders sicher apportiert, ist es auch kein Problem, rohe Eier zu tragen. Er muss hierbei allerdings eine gewisse Selbstbeherrschung aufweisen, damit er das Ei nicht fallen lässt oder zerbeißt und anschließend selbst auffrisst. Bei dieser Übung kann man auch wieder sehr gut das Tauschprinzip einsetzen, indem der Hund das Ei zum Beispiel gegen etwas anderes Essbares eintauschen kann.

Beginnt man das Training mit dem Apportieren der Eier, empfiehlt es sich anfangs gekochte Eier zu verwenden, bis der Hund hier eine gewisse Routine hat. Dann übt man auch zunächst auf weichem Untergrund, damit es dem Ei nicht schadet, wenn es von Hund versehentlich fallen gelassen wird.

Bedeutung und Umsetzung

➜ Das Eiertragen ist eine sehr sinnvolle Arbeit für den Hund, wenn man zum Beispiel selbst Hühner oder Enten besitzt, die ihre Eier häufig an einen schwer zugänglichen Ort legen.
In dem Fall ist es sehr hilfreich, wenn der Hund zum Auffinden und Bringen der Eier eingesetzt werden kann.
Auch an Ostern beim Eiersuchen könnten Sie Ihren Hund dann als kleinen Helfer einsetzen.
Er findet bestimmt am schnellsten jedes Ei und bringt es dann auch noch unversehrt zu Ihnen.

Eine Zeitschrift aus einem Zeitungsständer zu nehmen (a), festzuhalten (b) und zu bringen (c) setzt beim Hund eine enorme Konzentration voraus, damit die Zeitschrift nicht herausfällt oder aus dem Maul rutscht.

Zeitung holen

Sehr praktisch ist auch das Apportieren, wenn der Hund lernt, die Zeitung zum Beispiel aus dem Briefkasten oder einem Zeitungsständer zu holen. Beherrscht er das Apportieren sicher, ist diese Übung überhaupt kein Problem.

Soll der Hund Zeitungen bringen, die man noch lesen möchte, ist es wichtig darauf zu achten, dass er die Zeitung ruhig hält und nicht zerreißt oder fallen lasst. Zum Üben verwendet man am besten wieder ältere Exemplare, bei denen eine Beschädigung nicht so schlimm ist.

Auswählen eines bestimmten Gegenstands

Für diese Übung legt man dem Hund verschiedene Gegenstände (am besten Spielzeuge) zur Auswahl hin.
Er soll lernen, entweder durch Zeigen auf den entsprechenden Gegenstand oder durch

einen bestimmten Namen zu verknüpfen, welchen Gegenstand er auswählen soll. Man muss darauf achten, dass sich die Namen für den Hund vom Klang her nicht ähnlich sind. Zum Beispiel Ball, Ring und Teddy würden sich gut unterscheiden, während zum Beispiel Stock, Socke und Flocke dem Hund Probleme bei der Unterscheidung bereiten würden.

Bevor Hunde aus ihrer Spielkiste auf Kommando einen bestimmten Gegenstand herausholen, müssen sie den Namen mit dem Gegenstand verknüpft haben. Das kann man sogar mit mehreren Hunden gleichzeitig üben.

Hat der Hund hier Probleme mit der Unterscheidung, macht es Sinn, erst alle Gegenstände einzeln auszulegen, damit sich der Hund die Namen besser einprägen kann.

Man wird staunen, wie viele verschiedene Namen der Hund unterschiedlichen Gegenständen zuordnen kann. Man kann zum Beispiel eine große Kiste haben, die mit Spielzeug und anderen Gegenständen gefüllt ist. Man schickt dann den Hund mit einem entsprechenden Namen für ein Spielzeug zur Kiste, woraufhin er die Kiste durchsucht, bis er das richtige Spielzeug gefunden hat.

Übungen mit und im Wasser

Schwimmen in stehenden und fließenden Gewässern

Es gibt Rassen mit großer angeborener Wasserfreude und andere, die eher nur in der warmen Jahreszeit das Bedürfnis auf Abkühlung und Betätigung im Wasser haben. Viele Hunde schwimmen mit Begeisterung, andere ziehen es dagegen vor, nur so weit ins Wasser zu gehen, wie sie noch stehen können.

Jeder Hund kann von Natur aus schwimmen. Allerdings haben manche Hunde anfangs Probleme, vorwärts zu kommen, da sie zu steil im Wasser stehen und dann mit den Vorderbeinen mehr in der Luft schlagen, als sie für die Fortbewegung effektiv zu nutzen. In solch einem Fall empfiehlt sich die Verwendung spezieller Schwimmwesten für Hunde, die deren Position im Wasser regulieren und den Hund sicher über Wasser halten.

Wichtig ist, dass der Hund nicht gezwungen wird zu schwimmen oder unbedarft in ein tiefes Gewässer gerät, weil er denkt, er könne dort stehen.

Oft ist es notwendig, selbst mit ins Wasser zu gehen, um den Hund zum Schwimmen zu animieren. Aber Vorsicht, wenn man selbst schwimmt: Es gibt Hunde, die im Wasser auf einen klettern wollen oder einen mit den paddelnden Pfoten treffen, was dann oft zu heftigen Kratzern auf unserer Haut führt. Das Anziehen eines T-Shirts kann hierbei von Vorteil sein.

Man sollte den Hund nur in sauberen Gewässern schwimmen lassen, um Hautirritationen und Verdauungsbeschwerden vorzubeugen. Schwimmen im Meer macht den meisten Hunden auch viel Spaß. Hier sollte man aber darauf achten, dass der Hund

Schwimmen ist besonders für große Hunderassen auch eine gelenkschonende Trainingsmöglichkeit.

nicht zu viel Salzwasser trinkt, da das nicht nur den Durst erhöht, sondern auch eine abführende Wirkung haben kann.

An geeigneten Stellen kann man den Hund auch von kleineren Brücken oder Felsen aus geringer Höhe ins Wasser springen lassen. Das macht wasserbegeisterten Hunden großen Spaß. Man muss aber darauf achten, dass das Wasser tief genug ist, damit der Hund nicht auf den Grund kommt.

In größeren Gewässern ist auch eine Art Distanzarbeit möglich, indem man den Hund in bestimmte Richtungen und zu bestimmten Punkten schwimmen lässt. Hierzu kann man Richtungskommandos aufbauen. Wie das funktioniert, wird im nächsten Kapitel über die Distanzarbeit erklärt.

Vorsicht vor zu starker Strömung oder einem sehr steilen Ufer, da hier ein Hund im Wasser mitgerissen werden kann oder nicht mehr allein hinausgelangt. Kleinere Hunde sind hier noch eher gefährdet als große, kräftige Hunde.

Bei sehr wasserfreudigen Hunden sollte man darauf achten, dass sie nicht von allein und unkontrolliert schon aus großer Entfernung zum Wasser laufen. Denn auf dem Weg dahin könnten sie zum Beispiel noch vor ein vorbeifahrendes Auto laufen oder sie springen an einer ungeeigneten Stelle ins Wasser, was zu Unfällen führen kann. Achten Sie auch auf Glasscherben, die häufig in Ufernähe herumliegen. Denn gerade aufgeweichte Ballen können besonders stark verletzt werden.

In der kühleren Jahreszeit darf der Hund nicht zu lange schwimmen, um eine Unterkühlung zu vermeiden. Außerdem sollte er nach dem Schwimmen entweder bewegt werden, bis er wieder trocken ist, oder abgerubbelt und warm gehalten werden.

Bedeutung und Umsetzung

→ Für ältere Hunde oder solche, die gezielt Muskeln aufbauen sollen, ist Schwimmen eine sehr gute und gesundheitsfördernde Beschäftigung. Viele Physiotherapeuten bieten auch einen beheizten Swimmingpool an, in dem man seinen Hund in den Wintermonaten schwimmen lassen kann. Unterwasserlaufbänder werden häufig eingesetzt, um bei Hunden mit Gelenkerkrankungen oder nach einer Operation oder einem Unfall die Muskulatur zu erhalten bzw. wieder aufzubauen.

Das Apportieren aus dem Wasser kann auch mit den verschiedensten Gegenständen erfolgen.

Apportieren aus dem Wasser

Bevor man mit dem Apportieren aus dem Wasser beginnt, sollte man die Gegenstände, die man ins Wasser werfen will, auf ihre Schwimmfähigkeit hin überprüfen. Gerade in Fließgewässern benötigt man Dinge, die überhaupt nicht untergehen, sondern sofort oben schwimmen, da der Hund sonst Probleme hat, sie zu finden, oder man läuft Gefahr, sie zu verlieren. Es gibt im Handel viele geeignete Spielzeuge und Gegenstände, die speziell für das Apportieren aus dem Wasser hergestellt sind und garantiert gut schwimmen.

Hat man Bedenken, ob der Hund den Gegenstand überhaupt zuverlässig bringt, kann man den Gegenstand zum Anlernen auch an ein längeres Seil oder an eine Art Angel binden.

In stehenden, klaren Gewässern kann der Hund sogar lernen, nach Gegenständen zu tauchen. Aber Vorsicht mit Hunden, deren Ohren sich schnell entzünden. Sie sollten möglichst nicht ihren Kopf untertauchen.

Eine Variante mit erhöhtem Schwierigkeitsgrad ist das Apportieren von mehreren verschiedenen Gegenständen. Hierzu weist man den Hund im Wasser durch Handzeichen oder Richtungskommandos (siehe Distanzarbeit) ein. So lässt er sich zu den verschiedenen Gegenständen, die man hineingeworfen hat, lenken und wird sie einen nach dem anderen apportieren.

Aus Behältern fischen

Hat man keine geeigneten Gewässer in der Umgebung, kann man dem Hund auch eine größere Wanne hinstellen, in die er sich legen kann und aus der er auch Gegenstände fischen kann. Hierfür können Sie sowohl schwimmende Gegenstände verwenden als auch Apportel, die untergehen und nach denen der Hund dann tauchen kann.

Einen Apfel aus dem Wasser zu fischen, erfordert einige Versuche und Übung, bis der Apfel schließlich richtig aufgenommen werden kann, da er immer wegrutscht. Eine enorme Geschicklichkeitsübung!

Bei dieser Beschäftigung sind dem Einfallsreichtum keine Grenzen gesetzt. Um das Ganze etwas zu erschweren, kann man auch Dinge auswählen, die der Hund nicht so leicht greifen kann (zum Beispiel Äpfel oder größere Bälle). Dann muss er sich richtig anstrengen und auch mental sein Gehirn einsetzen, um zu überlegen, wie er an das Spielzeug oder den Apfel gelangt. Hunde, die etwas Probleme haben, ihren Kopf ins Wasser zu stecken, kann man oft dazu

Hunde versuchen sowohl mit der Schnauze (a) als auch mit der Pfote (b) Gegenstände aus dem Wasser zu fischen.

überreden, wenn größere Futterbrocken ins Wasser geworfen werden, die sie ebenfalls herausfischen können. Sobald der Hund die Angst vor dem Wasser verliert, wird er zunehmend Freude an diesen Übungen haben.

Gewöhnung an Wasserschlauch und Rasensprenger

Viele Hunde haben vor einem Wasserstrahl aus dem Schlauch, dem Rasensprenger und Ähnlichem Angst. Dies wird oft durch traumatische Erlebnisse hervorgerufen, wenn der Hund zum Beispiel einfach mit einem Schlauch abgespritzt wurde, ohne dass er ausweichen konnte. Das kann für ihn durchaus ein negatives Erlebnis sein und eine gewisse Angst erzeugen.

Also spritzen Sie nie Ihren Hund direkt an, wenn er Schlauch und Rasensprenger nicht kennt oder Angst davor hat.

Wenn man das Interesse an einem Wasserstrahl wecken möchte, muss sich der Strahl immer vom Hund wegbewegen. Der Hund soll dann aus eigenem Antrieb Interesse daran finden und ihn zum Beispiel verfolgen. Einen Rasensprenger kann man hierfür nur wenig und kurz aufdrehen, um das Interesse des Hundes zu wecken.

In diesem Zusammenhang sei noch darauf hingewiesen, dass es zu Kehlkopfentzündungen oder Verdauungsstörungen führen kann, wenn ein Hund zu ausgiebig in kaltes Wasser beißt und zu viel davon trinkt.

Übungen auf Distanz

Gerade für aktive und lauffreudige Hunde sind Distanzübungen eine tolle Alternative zu Wurfspielen und sind auch mit dem Apportieren kombinierbar. So lassen sich viele Übungen aus verschiedenen Entfernungen und in unterschiedlichen Schwierigkeitsgraden durchführen. Sie sind auch besonders gut dafür geeignet, mehrere Hunde gleichzeitig zu beschäftigen.

Das gezielte Wegschicken des Hundes über größere Distanzen (das können bis mehrere 100 Meter sein) ist für viele Hunde ein guter Ausgleich dafür, dass sie sich sonst auf Spaziergängen nicht so weit entfernen dürfen, um sich nicht dem Einflussbereich des Menschen zu entziehen. Durch gezielte Distanzarbeit kann man die Aufmerksamkeit, die Kontrolle und die Lenkbarkeit des Hundes über größere Entfernungen verbessern. Die Hunde genießen es, wenn sie längere Strecken am Stück in schnellem Tempo zurücklegen können, was ja sonst in der Regel nicht gestattet ist. Für Distanzarbeit muss allerdings ein geeignetes übersichtliches Gelände ohne Straßen und andere Gefahren ausgewählt werden.

Das Umlaufen bestimmter Punkte gehört zu den Distanzübungen, bei denen der Hund auf Entfernung in eine bestimmte Richtung geschickt wird.

Hörzeichen und Pfeifsignale

Bei Distanzübungen soll der Hund lernen, nach links, nach rechts oder geradeaus von der Person weg zu laufen. Ebenso dazu gehört das Umrunden von Pylonen. Man kann ihm sogar beibringen, aus welcher Richtung er die Pylone umrunden soll, ob mit oder gegen den Uhrzeigersinn. Hierfür verwendet man am besten verschiedene Hörzeichen und/oder Sichtzeichen. Wenn man auf größere Distanz arbeiten möchte, kann man auch Pfeifsignale für verschiedene Richtungen antrainieren.

Entweder man kombiniert von Anfang an eine Bewegungsrichtung des Hundes mit dem Pfeifsignal oder man trainiert erst die verbalen Hörzeichen und überträgt die Bedeutung dann jeweils auf ein Pfeifsignal, indem man dem entsprechenden Pfeifsignal immer das verbale Hörzeichen folgen lässt. Nach gewisser Zeit befolgt dann der Hund bereits das Pfeifsignal, weil er gelernt hat, dass darauf in der Regel das entsprechende verbale Kommando folgt und er so den Zusammenhang verknüpft. Wenn der Hund auf das reine Pfeifsignal anspricht, kann man das verbale Kommando weglassen.

Pfeifsignale haben gegenüber verbalen Hörzeichen den Vorteil, dass der Hund sie über weitere Distanzen klarer wahrnehmen kann und sie vom Klang her neutraler bzw. einheitlicher sind. Denn jeder kennt wohl das Problem, dass man oft – wenn auch unabsichtlich – den Tonfall etwas verändert, wenn man ein Hörzeichen in einer größeren Lautstärke gibt. Die Stimme wirkt dann härter oder strenger.

Wenn man selbst gut und laut verschiedene Töne und Signale pfeifen kann, benötigt man keine Pfeife. Wenn man hier wenig Talent besitzt, kann man sich auch eine so genannte Hütepfeife anschaffen, mit der man viele verschiedene Töne und Lautstärken erzeugen kann. Es ist eine flache halbmondartige Pfeife, die in der Regel aus Metall besteht und in der Mitte ein Loch hat, durch das man mithilfe der Zunge den Luftstrom reguliert und so unterschiedliche Töne erzeugt. Es gibt auch günstigere Modelle aus Kunststoff, deren Handhabung erfordert aber nach unseren Erfahrungen noch größeres Geschick. Wenn man es einmal geschafft hat, der Pfeife die ersten geplanten Töne zu entlocken, übt man als Nächstes eine Art Tonleiter, damit man lernt, die gewünschten Töne prompt und gleichmäßig zu erzeugen. Bei den Pfeifsignalen gilt das Gleiche wie bei anderen Hörzeichen: Umso unterschiedlicher sich die einzelnen Signale anhören, desto einfacher sind sie für den Hund zu unterscheiden. Ein Pfeifsignal kann aus einem Ton bestehen oder aus verschiedenen Tönen, die aneinander gereiht werden. Es ist sinnvoll, das Pfeifen zunächst ohne Anwesenheit des Hundes zu üben, bis man eine gewisse Sicherheit darin hat, damit der Hund durch diese Geräusche nicht abstumpft oder verwirrt wird.

Falls Sie mit einer Hütepfeife nicht zurechtkommen, können Sie stattdessen auch eine Jägerpfeife oder eine Retrieverpfeife verwenden. Mit der Jägerpfeife, die an beiden Enden betätigt werden kann, können auch zwei verschiedene Töne erzeugt werden.

Ansonsten kann man unterschiedliche Kombinationen von kurzen und längeren Pfeiftönen verwenden. Wenn die Hörzeichen nicht über sehr weite Entfernungen eingesetzt werden müssen, kann man zum Beispiel auch eine Flöte benutzen und damit verschiedene Töne erzeugen.

Arbeit mit Sichtzeichen

Man kann seinem Hund für alle Hörzeichen, die man verwendet, zusätzlich noch ein Sichtzeichen beibringen. In der Regel wird man verschiedene Handzeichen wählen.

> In der Filmbranche wird dieses System häufig verwendet, da man Hörzeichen des Trainers in den Szenen hören würde. Deshalb lernen Filmhunde, viele wichtige Übungen und Verhaltensweisen nach Sichtzeichen zu befolgen.

Man sollte darauf achten, dass sich die Sichtzeichen, ebenso wie Hörzeichen, deutlich unterscheiden.
Beim Anlernen wendet man am besten immer vor einem Hörzeichen das entsprechende Sichtzeichen an. Nach einer gewissen Zeit wird der Hund bereits auf das Sichtzeichen reagieren.

Sichtzeichen können übrigens bei Distanzübungen auch sinnvoll sein, da der Hund Bewegungen sehr gut über größere Entfernungen erkennt. Da sich Hunde untereinander zu einem großen Teil über Körpersprache verständigen, fällt es ihnen sehr leicht, Sichtzeichen zu erkennen und zu befolgen.

> Ist man Besitzer eines tauben Hundes, muss man zwangsweise für alle Übungen Sichtzeichen verwenden. Solange es einem gelingt, den Blickkontakt zum Hund aufrecht zu erhalten, wird das problemlos funktionieren. Somit können durchaus auch bei tauben Hunden sämtliche hier beschriebene Übungen und eine Vielzahl anderer Beschäftigungsformen Verwendung finden.

Dirigieren über Hör- und Sichtzeichen zu verschiedenen Punkten

Für diese Übung stellt man verschiedene Pylonen, Pfosten und Ähnliches auf. Der Hund wird nun zu einem markierten Punkt geschickt. Dort soll er dann anhalten und auf die Einweisung zum nächsten Punkt warten. Die Einweisung kann jeweils mit Richtungskommandos, also Hörzeichen, und/oder Sichtzeichen erfolgen.

Hierdurch bringt man dem Hund bei, auf Kommando vorwärts, nach rechts und nach links zu laufen.

Für diese Übung kann man außerdem markante Punkte in der Natur wie Bäume, Büsche, Erdhügel usw. nutzen. Man kann den Hund auch unterwegs anhalten und verschiedene Positionen einnehmen lassen, bevor man ihn wieder weiterlaufen lässt.

Distanzübungen lassen sich auch gut mit mehreren Hunden gleichzeitig ausführen.

Bedeutung und Umsetzung

Auch solche Übungen können im Alltag einen sehr praktischen Nutzen bringen. Wenn man den Hund auf Distanz gut lenken kann, ist das in jedem Fall beim täglichen Spaziergang von Vorteil. Ist der Hund beispielsweise recht weit vorausgelaufen und taucht in dem Moment unterwartet ein Auto auf, würde die Zeit nicht mehr reichen, den Hund zu sich zu rufen. Ist er aber auf Distanz gut zu lenken, kann man ihn auf Abstand vom Weg an die Seite dirigieren und dort anhalten, sitzen oder abliegen lassen.

Wenn man mit mehren Hunden spazieren geht, ist es oft auch einfacher und geht schneller, sie auf die Seite zu schicken und dort warten zu lassen, wenn Passanten oder Fahrzeuge entgegen kommen, als sie alle herzurufen. Wenn die Lenkbarkeit eines Hundes auf wechselnde Distanzen gut funktioniert, kann sich das auch positiv auf seine Kontrolle in Situationen mit Wild oder anderer großer Ablenkung auswirken, da der Hund gelernt hat, auch auf Distanz zuzuhören und Anweisungen zu befolgen.

Umrunden von Pylonen oder Bäumen

Bei dieser Übung wird die Orientierung und Konzentration des Hundes auch im schnellen Lauf geschult. Der Hund lernt zunächst, einzelne Pylone, Bäume oder Ähnliches zu umrunden. Hierfür steht man zu Beginn noch recht dicht an dem zu umrundenden Punkt und weist den Hund mit Sicht- und/oder Hörzeichen wie oben beschrieben ein, den Pylon oder Baum zu umrunden. Mit der Zeit kann man den Abstand zu dem zu umrundenden Punkt allmählich vergrößern.

Wenn das Umrunden von einer Pylone klappt, fügt man nach und nach weitere Pylonen hinzu bzw. weist den Hund so ein, dass er auch die benachbarten Bäume gezielt umrundet. Später kann man den Hund wechselweise um mehrere Pylonen bzw. Bäume laufen lassen. Je nachdem, wie das Umfeld gestaltet ist, kann man so eine Übung natürlich auch mit Laternenpfählen, Holzpfosten, Betonsockeln, Sträuchern und vielem mehr durchführen.

Eine Variante ist möglich, wenn man mehrere Pylone in einem Kreis aufstellt. Der Hund soll nun lernen, außen an den Pylonen entlang zu laufen. Wechselweise kann man den Hund dann hereinrufen und einzelne Pylonen umrunden lassen. Die gleiche Übung kann man auch bei Bäumen und Büschen anwenden, die in verschiedenen Abständen angeordnet sind. Lässt man den Hund zwischendurch an verschiedenen Punkten anhalten, um ihn anschließend weiterlaufen oder die Richtung wechseln zu lassen, werden dadurch noch Anspruch und Schwierigkeitsgrad erhöht.

Eine weitere Variante ist das Umlaufen von eingezäunten Arealen. Hierbei fängt man zunächst mit kleineren Grundstücken an und steigert dann die Größe der umzäunten Fläche. Bei Hunden, die sich schlecht vom Menschen lösen, muss man zu Beginn vielleicht ein Stück oder über die ganze Strecke mitlaufen, bis der Hund verstanden hat, was man von ihm möchte. Wenn man mehrere Hunde gleichzeitig laufen lässt, steigert das noch den Spaß, denn es entsteht ein Wettspiel darum, wer als Erster wieder am Anfang ankommt.

Im fremden Areal den Ausgang suchen

Hierfür benötigt man ein eingezäuntes Grundstück mit mehreren Ausgängen. Man schickt den Hund dann auf das Grundstück und schließt den Eingang, durch den er das Grundstück betreten hat. Nun soll er einen anderen Ausgang suchen. Hierbei lernt der Hund, dass nicht immer der direkte Weg zum Erfolg führt. Er soll lernen, sich zunächst zu orientieren und danach Ausschau zu halten und gezielt auszuprobieren, wo ein anderer Ausgang ist. Hunde, die mit solch einer Übung noch keine Erfahrung gemacht haben, sollte man zwar zunächst dazu ermuntern, einen Ausgang zu finden, sie aber nicht zu sehr in Stress versetzen, wenn sie für dieses Problem keine Lösung finden.

Man bleibt also zunächst in der Nähe des Grundstücks und entfernt sich nicht zu weit, denn das würde den Hund zu nervös machen, da er dann eventuell Verlassensangst aufbauen kann. Ist der Stressfaktor zu hoch,

Übungen auf Distanz sind besonders für lauffreudige Hunde eine gute Abwechslung und lassen sich auch mit dem Apportieren kombinieren.

ist der Hund im Lernen behindert. Daher sollte man sich in so einem Fall rechtzeitig in Richtung Ausgang bewegen und dadurch dem Hund das Auffinden erleichtern.

Sprung- und Apportierübungen bei der Distanzarbeit

Beherrscht der Hund bereits das Apportieren und springt gern, kann man in die Distanzarbeit auch das Verstecken und Auffinden von Gegenständen einbauen, indem man den Hund in die richtige Richtung einweist und an einen bestimmen Platz schickt.

Man kann ebenfalls Sprünge über Baumstämme, kleine Gräben und Bäche, niedrige Zäune usw. einbauen.

Bedeutung und Umsetzung

→ Wenn der Hund beispielsweise unterwegs ein Spielzeug verliert, kann man ihm bei der Suche helfen, wenn man ihn aus der Ferne dirigieren kann. Ein weiteres Beispiel für den sinnvollen Einsatz der Distanzarbeit ist ein Spaziergang auf engen Wegen. Gibt es auf einem Weg plötzlich Gegenverkehr oder Autos oder Fahrräder, kann man seinen Hund auf der Seite über einen Graben oder im Wald über Baumstämme springen lassen und auf der anderen Seite anhalten und ihn dadurch aus dem Gefahrenbereich bringen.

Ideen für praktische Übungen im Alltag

Zu den sinnvollen Übungen, die ein Hund im Alltag praktisch einsetzen kann, gehören viele Aufgaben, die vor allem zur Arbeit der Behinderten-Begleithunde gehören. Sie werden dafür eingesetzt, ihren Menschen das Leben im Haushalt etwas zu erleichtern. Viele dieser Aufgaben können aber auch jedem anderen Hund beigebracht werden und tragen dazu bei, dass er im normalen täglichen Leben gefordert wird und für kleine Arbeiten nützlich ist. Außerdem machen alle diese Übungen sowohl Mensch als auch Hund viel Spaß und fördern wiederum deren Bindung.

Training auf optische Reize

Von der Ausbildung von Behinderten-Begleithunden kennt man das Antrainieren bestimmter Aufgaben mithilfe von optischen Reizen. Der Hund soll lernen, dem optischen Reiz, also Lichtkegel oder Lichtpunkt, zu folgen und dann beispielsweise auf solche Weise markierte Tasten zu betätigen, Schubladen zu öffnen oder zu schließen und bestimmte Gegenstände zu bringen. Mit einem optischen Reiz ist also hier nicht ein normales Sichtzeichen gemeint, wie es weiter unten noch beschrieben wird.

Gut geeignet für den Einsatz ist ein Laserpointer, den man beispielsweise bei Präsentationen oder Vorträgen für das Erklären und Erläutern von Grafiken, Landkarten oder Abbildungen verwendet. Hierbei sollten Sie aber darauf achten, dass dem Hund nicht direkt ins Auge geleuchtet wird. Natürlich können Sie auch eine Taschenlampe verwenden. Die meisten sind aber bei hellem Tageslicht nicht gut oder kaum zu erkennen. Der Vorteil

Als Sichtzeichen kann man einen Laserpointer einsetzen. Bei dieser Übung wird der Lichtpunkt auf den Affen gerichtet (a). Der Hund weiß dadurch, welchen der drei Gegenstände er bringen soll (b).

eines Laserpointers ist daher, dass der Lichtpunkt auch bei Tageslicht in der Wohnung gut zu sehen ist. Draußen ist der Lichtpunkt dagegen nicht immer zu erkennen.

Für die Übungen muss der Hund zunächst auf den Lichtpunkt aufmerksam gemacht werden. Sobald er ihn entdeckt und sich ihm nähert, wird er belohnt. Auf diese Weise soll er lernen, sich immer mit der Nase der Stelle des Lichtpunktes zu nähern. Hat der Hund das verstanden, kann man damit anfangen, den Lichtpunkt langsam zu bewegen, sodass der Hund ihm gut folgen kann. Danach kann man die Anzeige eines Punktes mit dem Laserpointer oder der Taschenlampe mit einem Hörzeichen kombinieren, das der Hund schon beherrscht. So kann man ihm beibringen, den angezeigten Punkt zu berühren und beispielsweise einen Schalter zu betätigen, eine Schublade zu schließen oder den mit dem Lichtpunkt markierten Gegenstand zu apportieren.

Apportieren optisch markierter Gegenstände

Für das Apportieren eines mit einem optischen Reiz markierten Gegenstandes legt man mehrere Gegenstände in einem gewissen Abstand auf den Boden. Wenn der Hund schon gelernt hat, dass er einen Gegenstand apportieren soll, der mit dem Laserpointer angezeigt wird, entspricht es einer Erhöhung des Schwierigkeitsgrades, wenn er die richtige Wahl bei mehreren Gegenständen treffen muss. Man richtet nun den Laserpointer auf das entsprechende Apportel und bestätigt den Hund natürlich sofort, wenn er die richtige Wahl trifft, später erst, wenn er dieses Apportel auch gebracht hat.

Innerhalb der Wohnung funktioniert diese Methode ausgezeichnet. Draußen, wo bei Tageslicht der Lichtpunkt kaum zu erkennen ist, kann man alternativ auch mit Handzeichen trainieren. Das funktioniert aber nur, wenn die Gegenstände nicht zu dicht beisammen liegen, da sonst der Hund nicht ableiten kann, welches Apportel wirklich gemeint ist.

Farben erkennen

Entgegen früheren Meinungen können Hunde durchaus Farben unterscheiden. Besonders gut können sie Blautöne sehen. Daher kann man ihnen beibringen, bestimmte Gegenstände einfach nur nach Farbe und nicht nach Geruch zu unterscheiden. Hierfür geeignet sind beispielsweise verschieden farbige Hütchen oder Töpfchen.

Zu Beginn arbeitet man nur mit einem Hütchen zum Beispiel in der Farbe Blau und belohnt den Hund für jegliches Interesse an diesem Gegenstand.

Legen Sie kein Leckerli unter das Hütchen, da sich der Hund sonst zu sehr am Geruch orientiert. Wenn der Hund auf ein Signalwort hin zuverlässig das blaue Hütchen berührt, kann man nacheinander weitere Hütchen in anderen Farben hinzufügen. Jetzt findet man schnell heraus, ob der Hund sich bei den Hütchen an der Farbe orientiert. Man verwendet wieder das Signalwort und belohnt den Hund aber nur, wenn er sofort das blaue Hütchen berührt.

→ Möchten Sie den Schwierigkeitsgrad erhöhen, können Sie noch ein Signalwort für ein Hütchen mit einer anderen Farbe verwenden. Auf diese Weise lässt sich herausfinden, ob der Hund wirklich verknüpft hat, dass er die jeweils richtige Farbe herausfinden soll. Bei dieser Übung ist die Verwendung eines Clickers für einen sicheren Übungsaufbau sehr sinnvoll. Fortgeschrittene können auch ein bestimmtes Spielzeug nach dessen Farbe auswählen.

Obwohl Hunde nicht so viele Farben erkennen können wie wir, kann man ihnen beibringen, Gegenstände anhand ihrer Farbe zu unterscheiden und den richtigen dann auszusuchen.

Schuhe aufmachen oder ausziehen

Schuhbänder aufzumachen kann man einem Hund, der das Apportieren gut beherrscht, sehr einfach beibringen. Man hält dem Hund das Ende eines Schuhbandes hin und gibt das Kommando zum Aufnehmen. Sobald der Hund begriffen hat, dass er das Band ins Maul nehmen soll, kann man es ihn auch selbst aufnehmen lassen. Natürlich wird er anfangs sofort bestätigt, wenn er das Schuhband aufnimmt.

Der nächste Schritt ist das Aufziehen der Schleife, wobei der Hund auch herausfinden muss, in welche Richtung er zu ziehen hat, damit die Schleife aufgeht. Hierbei kann man ihn anfangs unterstützen, indem man seine Position entsprechend beeinflusst, ihn also zum Beispiel rückwärts schickt oder ihn so positioniert, dass er nicht seitlich ausweichen kann. Wenn man am Anfang möglichst dicke Schuhbänder verwendet, hat es der Hund in der Anlernphase leichter.

Man kann dem Hund nun noch zusätzlich beibringen, dass er die Schuhe ebenfalls vom Fuß zieht. Man zeigt dem Hund zunächst, an welcher Stelle er den Schuh greifen soll und in welche Richtung er ziehen soll. Hierfür verwendet man anfangs am besten sehr locker sitzende Schuhe, damit der Hund schnell ein Erfolgserlebnis hat.
Zu Beginn erfolgt die erste Bestätigung schon, wenn der Hund den Schuh mit der Schnauze ergreift. Dann dauert es nicht mehr lange, bis er lernt, den Schuh vom Fuß zu ziehen.

a

Wenn ein Hund gut apportieren kann und somit Gegenstände richtig aufnimmt, lernt er auch schnell das Aufziehen von Schuhbändern. Anfangs wird schon das Aufnehmen bestätigt (a), später wird dann erst das Aufziehen der Schleife belohnt (b).

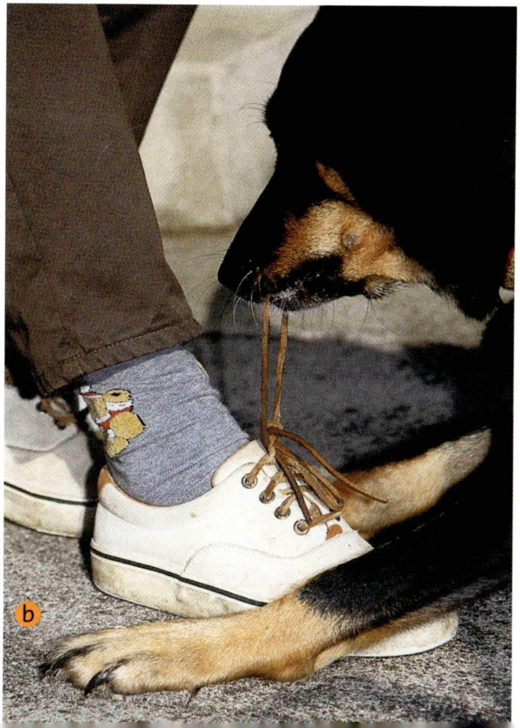

b

Socken ausziehen

Das Ausziehen einer Socke lernt ein Hund, der bereits weiß, wie man seine Schnauze gezielt einsetzen kann, normalerweise recht schnell. Man zieht zum Anlernen die Socke nur halb an und zeigt dem Hund den losen Zipfel, den er greifen soll. Dann animiert man den Hund zum Ziehen und belohnt ihn, wenn er die Socke vom Fuß gezogen hat. Anschließend zieht man die Socke etwas weiter auf den Fuß und steigert dies immer mehr, bis der Hund nur noch einen ganz kleinen Zipfel ergreifen kann. Immer wenn er die Socke herunterzieht, wird er natürlich tüchtig belohnt. Das Ausziehen von Socken ist übrigens eine sinnvolle Variante des bei Hunden beliebten Zerrspiels.

Wenn der Hund schon das Aufräumen (siehe unten) gelernt hat, kann er die Socke gleich in den Wäschekorb bringen.

Das Ausziehen von Socken ist für beide Beteiligten eine lustige Übung.

Tür auf- und zumachen

Das Auf- und Zumachen von Türen durch den Hund kann im Alltag sehr nützlich sein. Sie sollten aber besonders beim Öffnen von Türen abwägen, ob Sie es dem Hund wirklich beibringen wollen, da er dann natürlich die Möglichkeit hat, die Tür nach eigenem Wunsch ohne Ihr Zutun und Ihr Kommando zu öffnen. Daher sollte man von Anfang an darauf achten, dass sich der Hund nur an der Tür betätigt, wenn man ihn dazu ermuntert. Ansonsten kann der Hund zum Ausbrecherkönig werden, wenn er mal verknüpft hat, dass man Türen bei Bedarf selbst öffnen kann. Das Abschließen hilft dann oft nur bedingt, da der Hund dann eventuell frustriert an der Tür kratzt, wenn er sie auf einmal nicht mehr öffnen kann.

Das Öffnen von Türen kann man dem Hund beibringen, indem man zum Beispiel ein Seil an die Klinke knotet und der Hund lernt, an dem Seil in der entsprechenden Richtung zu ziehen. Dieses System kann man auch gut auf Schubladen und Schranktüren übertragen. Der Hund kann auch lernen, an der Türe hochzuspringen und die Klinke mit der Pfote herunterzudrücken. Das empfiehlt sich aber nicht bei wertvollen Türen, die leicht zerkratzt werden.

Diese Methode, um eine Tür zu öffnen, bringen sich übrigens manche Hunde ganz von selbst bei! Dann ist der Besitzer gefordert, dem Hund zu vermitteln, dass er die Türen nur auf Aufforderung öffnen darf. Funktioniert das nicht, kann man auch die Klinke von wichtigen Türen nach unten drehen.

Das erschwert dem Hund das Öffnen der Tür erheblich, ja macht es sogar fast unmöglich.

Das Schließen von Türen kann ein Hund mit verschiedenen Methoden durchführen. Er kann lernen, die Tür mit der Nase zuzuschieben, oder er lernt, sie durch das Anspringen zu schließen. Letztere Variante hat den Nachteil, dass durch das Anspringen die Tür leicht durch die Krallen beschädigt werden kann. Daher sollte man sich lieber für die Methode mit dem Anstupsen durch die Nase entscheiden.

Zunächst lernt der Hund, mit der Nase einen so genannten Targetpunkt zu berühren. Um diesen Punk zu markieren, kann man zum Beispiel kleine Zettel von Haftnotizblöcken verwenden.

Dann klebt man den Zettel an die gewünschte Stelle an die Tür und animiert den Hund, hier mit der Nase zu drücken. Anfangs wird schon das leichte Berühren bestätigt, dann allmählich nur noch, wenn der Hund die Tür auch bewegt, bis er lernt, dass er nur eine Belohnung erhält, wenn er die Tür komplett schließt.

Das Schließen von Türen sollte der Hund am besten durch das Herandrücken seiner Nase lernen. So wird vermieden, dass die Tür verkratzt wird.

Schubladen öffnen

Wenn man nicht möchte, dass der Hund, wenn er diese Übung beherrscht, sämtliche Schubladen im Haus je nach Laune öffnet oder den Griff beschädigt, befestig man am besten an der zu öffnenden Schublade ein Seil. Dieses Seil dient dann als Griff für den Hund, um die Schublade aufzuziehen. Und wie beim Öffnen von Türen soll der Hund wissen, dass er diese Aufgabe nur auf Kommando durchzuführen hat.

Am meisten macht es dem Hund natürlich Spaß und ist für ihn am sinnvollsten, wenn man in einer der unteren Schubladen im Schrank seine Spielsachen aufbewahrt. Er kann dann lernen, diese Schublade zu öffnen und so an seine Spielsachen zu gelangen. Eine Steigerung der Übung ist es, wenn er wie schon beschrieben (»Auswählen eines bestimmten Gegenstands«) auf Kommando nur ein ganz bestimmtes Spielzeug herausholt. Somit werden eine Geschicklichkeitsübung und das mentale Training miteinander verbunden.

Zum Öffnen von Schubladen wird an dem Griff eine Schnur befestigt, die einfach vom Hund aufgenommen werden kann. Dadurch bleibt das Möbelstück geschont und der Hund weiß, dass nur diese Schublade von ihm geöffnet werden darf.

Weiterführend lässt man den Hund nach einem Spiel seine Spielsachen wieder in die Schublade zurücklegen. Je nachdem wie leichtgängig die Schublade ist, kann man dem Hund auch beibringen, sie wieder zu schließen. Wie beim Schließen von Türen bringt man hierfür einen Targetpunkt an. Der Hund soll dann mit seiner Nase auf diesen Punkt drücken und dadurch die Schublade wieder zuschieben.

Lichtschalter betätigen

Hier kann man ähnliche Lernschritte wie beim Schließen von Türen verwenden: Man klebt einen Targetpunkt an die entsprechende Stelle am Lichtschalter, damit der Hund lernt, mit der Nase auf diese Stelle zu drücken. Mit großflächigen Schaltern ist diese Übung natürlich einfacher durchzuführen als mit kleinen und schwer zu betätigenden Schaltern.

Alternativ kann der Hund auch lernen, mit der Pfote auf den Schalter zu drücken. Das führt aber auch wieder eher zu Verschmutzungen und Beschädigungen des Schalters oder der unmittelbaren Umgebung, weshalb die Methode mit der Nase wohl zu bevorzugen ist. Hat man verschiedene Schalter, die bedient werden sollen, kann man entweder verschiedene Hör- und/oder Sichtzeichen für die einzelnen Schalter aufbauen oder dem Hund zum Beispiel mit dem Laserpointer (siehe »Arbeit mit Sichtzeichen«) den gewünschten Schalter anzeigen.

Das Betätigen eines Lichtschalters kann durch Nase oder Pfoten erfolgen. Hier wird mit dem Laserpointer auf den richtigen Schalter gezeigt, damit der Hund weiß, auf welchen er drücken soll.

Leckerli auf Pfoten – kontrollierte Futteraufnahme

Dies ist eine Übung, die den Hund bezüglich der kontrollierten Futteraufnahme trainiert. Hierzu lässt man den Hund zunächst »Platz« machen. Dann legt man ihm ein Leckerli auf eine Pfote, das er erst fressen darf, wenn er ein bestimmtes Signal dafür bekommen hat. Will der Hund das Leckerli vorher fressen, nimmt man es weg und versucht es mit der Übung nach einer kurzen Pause nochmal. Der Hund soll also lernen, dass er nur an das Futter kommt, wenn er sich beherrscht und das entsprechende Signal abwartet.

Als erhöhten Schwierigkeitsgrad kann man auf beide Pfoten Futter legen. Als Variation kann man das Futter auch auf andere Körperteile des Hundes wie zum Beispiel die Stirn, Nase oder den Rücken legen oder man positioniert es zwischen die Pfoten auf den Boden. Sie können auch große Futterstücke oder Würstchen als Gasse auslegen und bringen dem Hund bei, dazwischen hindurchzulaufen. Wichtig ist, dass der Hund nicht an die ausgelegten Futterstücke gelangt bzw. sie aufnimmt. Hierbei kann es anfangs ganz hilfreich sein, den Hund anzuleinen.

Als Belohnung für das Ignorieren der ausgelegten Futterstücke soll er dann direkt vom Menschen eine nach Möglichkeit noch bessere Belohnung bekommen. Es soll sich für den Hund lohnen, dass er nicht spontan alles herumliegende Futter vom Boden aufnimmt.

Die kontrollierte Aufnahme von auf den Pfoten angeordneten Leckerli erfordert eine enorme Selbstbeherrschung des Hundes.

Es kann aber unter Umständen eine lebensrettende Übung sein, falls der Hund irgendwo giftiges Futter findet.

Bedeutung und Umsetzung

→ Der Hund lernt im Alltag auf Spaziergängen, herumliegenden Abfall nicht aufzusammeln, sondern er verknüpft, dass es sich für ihn mehr lohnt, in solch einer Situation zur Person zu laufen und sich dort eine schmackhafte Belohnung dafür zu holen. Dieses Verhalten kann ihn vor dem Verzehr von schädlichen oder sogar giftigen Stoffen schützen.

Aufräumen

Durch das Apportieren kann man dem Hund nicht nur beibringen, Gegenstände zu einem zu bringen, sondern er kann auch lernen, Gegenstände zu einem bestimmten Ort zu transportieren. Ein Beispiel ist das Einsammeln von Socken oder anderen Wäschestücken, die anschließend in einen Korb gelegt werden. Andere Möglichkeiten sind das Hinlegen von Zeitungen auf bestimmte Plätze oder das Aufräumen von Papierabfall in den Papierkorb. Fortgeschrittene können auch

Die Aufräumübung ist sehr vielseitig anwendbar. Hierzu gehört auch das Einräumen von Socken oder ähnlichen unempfindlichen Kleidungsstücken in einen Wäschekorb.

leere Plastikflaschen wieder in die Getränkekiste hineingeben.
Anfangs zeigt man dem Hund noch mit Sichtzeichen, wo er die Dinge hinbringen soll, und geht auch noch mit bis zu diesem Platz. Hat er dann verstanden, was man von ihm will, wird er die Abläufe auch selbstständig ausführen.
Umso kleiner die Fläche ist, innerhalb derer der Hund den oder die Gegenstände ablegen soll, umso schwieriger ist es für den Hund. Hier muss man darauf achten, dass man beim Bestätigen des erwünschten Verhaltens ein sehr gutes Timing einhält. Hat der Hund das Prinzip des gezielten Ablegens einmal begriffen, kann er sogar lernen, eine Münze gezielt in einen Schlitz zu stecken.
Diese Art der Apportieraufgaben kann man auch mit Springübungen kombinieren, um noch die Geschicklichkeit zu fördern. Eine Kombination von Nasenarbeit, also Suchen nach versteckten Gegenständen, mit anschließendem Apportieren und Aufräumen der aufgefundenen Gegenstände ist ebenfalls möglich und bringt weitere Abwechslung. Auch hier sind der Fantasie wiederum keine Grenzen gesetzt und in jedem Haushalt finden sich unzählige Möglichkeiten, um seinen Hund mit diesen spannenden Aufgaben zu beschäftigen.

Auch die eigene Spielkiste kann von Hunden aus- oder eingeräumt werden.

Sinnvolle Lernspiele

Ganz zum Schluss sollen noch einige der für Hunde angefertigten Lernspiele vorgestellt werden, die im Handel zu erschwinglichen Preisen erhältlich sind. Wer etwas handwerklich begabt ist, kann solche Spiele auch selbst bauen.

Bei diesen Spielen geht es vor allem darum, dass der Hund unterschiedlich agieren und verschiedene Aufgaben lösen muss, um an die Belohnung zu kommen. So muss er beispielsweise etwas schieben, etwas anderes ziehen, einen Gegenstand hochheben oder mit seinem Geruchssinn das richtige Klötzchen finden, unter dem ein Leckerli versteckt ist.

Da es für die Hunde am reizvollsten ist selbst herauszufinden, was sie tun sollen, um an die Belohnung zu kommen, sind natürlich immer neue Varianten interessant. Hat der Hund mal das Belohnungsprinzip bei einem Spiel begriffen, kann er es künftig meist in atemberaubender Geschwindigkeit lösen und das Leckerli oder Belohnungsspielzeug finden.

Um sich nicht ständig neue Spiele kaufen zu müssen, damit der Hund immer wieder gefordert wird, ist es praktisch, wenn sich verschiedene Hundebesitzer zusammentun, um sich jeweils ein anderes Spiel zuzulegen oder selbst zu bauen und dann untereinander auszutauschen. So kommen viele Hunde in den Genuss von den verschiedensten Spielen.

Spiel mit Holzklötzchen

Das Spiel mit den Holzklötzchen, wie es hier auf dem Foto gezeigt wird, ist ein Beispiel für ein Hundespielzeug, das im Handel erhältlich ist. Das Spiel besteht aus einer massiven Speerholzplatte und neun Holzklötzchen, die in Vertiefungen stehen, sodass sie nicht schnell umfallen können.

Bei diesem im Handel erhältlichen Spiel muss der Hund das richtige Klötzchen aussuchen und aufnehmen, um an die Belohnung zu gelangen, die darunter versteckt ist.

Unter einem der Holzklötzchen wird ein Leckerli versteckt. Der Hund muss dann mit seiner Nase das richtige Klötzchen herausfinden, mit dem Maul ergreifen und hochheben, um an das Leckerli zu gelangen. Hunde, die sehr stürmisch an solch ein Spiel herangehen, versuchen häufig am Anfang alle Klötzchen umzustoßen, um an die Belohnung zu kommen.

Sinn der Sache ist es aber, dass sich der Hund auf die Aufgabe konzentriert und in aller Ruhe das richtige Klötzchen identifiziert und gezielt wegnimmt. Manche Hunde arbeiten sofort auf diese ruhige Weise, andere brauchen eine gewisse Zeit, bis sie verstanden haben, wie man mit dieser Aufgabe am besten umgeht. Auf alle Fälle gehört so ein Spiel zu den Beschäftigungen, bei denen die Kopfarbeit des Hundes wirklich gefordert wird.

Futterball

Ein einfaches Geschicklichkeitsspiel bieten Bälle, die mit Futter gefüllt werden können. Je nach Größe der Futterstückchen und der Öffnungen in dem Ball ist es für den Hund unterschiedlich schwer, an das Futter zu gelangen. Der Hund muss den Ball vor sich herrollen, damit aus den Öffnungen die Leckerli herausfallen. Dies ist eine ganz einfache, aber tolle Beschäftigungsmöglichkeit, mit der sich der Hund sehr gut länger allein vergnügen kann. Hierbei muss er sowohl seine Geschicklichkeit vor allem von Nase und Pfoten als auch seinen Geruchs- und Gesichtssinn einsetzen, um die herausgefallenen Leckerli sofort zu finden.

Der mit Leckerli gefüllte Ball ist für alle Hunde sehr interessant und erfordert keine vorherigen Übungen. Der Umgang mit diesem Spielzeug ist für Hunde sozusagen selbsterklärend und kann sie eine ganze Zeit beschäftigen.

Für diese Form der Beschäftigung muss dem Hund vorher nichts beigebracht werden. Er lernt ganz für sich allein, wie er am besten an die Belohnung kommt.

Hierbei ist es sehr interessant zu beobachten, wie verschiedene Charaktere und Hundetypen das Problem lösen. Die sehr aktiven Hunde versuchen durch möglichst schnelles und ausdauerndes Rollen an das Futter zu gelangen, während die »Denker« unter den Hunden durch weniger, aber gezieltere Rollbewegungen versuchen, ans Futter zu kommen. Es gibt hier Hunde, die in wahrhaft lautstarke Begeisterung verfallen können.

Übrigens merkt ein Hund äußerst schnell, wenn der Ball leer ist, also kein Leckerli mehr herausfällt, vermutlich durch das nun nicht mehr vorhandene Geräusch der sich im Ball bewegenden Futterbrocken und vielleicht auch durch den geringeren Geruch. Dann ist dieses Spielzeug ganz plötzlich uninteressant.

Selbst gebautes Geschicklichkeitsspiel

Zum Schluss sei noch auf ein äußerst spannendes Geschicklichkeitsspiel hingewiesen, das es nicht zu kaufen gibt, aber leicht selbst hergestellt werden kann. Es besteht aus einer Röhre, einer langen Schachtel oder einer schmalen, langen Holzkiste, an deren gegenüberliegenden Seiten sich in verschiedenen Höhen mehrere große Löcher befinden, in die Stäbe oder Stangen aus Holz gesteckt werden können. Oben befindet sich eine Öffnung mit Deckel. Durch die Öffnung wird nun ein Ball oder eine große Futterbelohnung auf die oberste Stange gelegt und der Deckel anschließend geschlossen, damit der Hund nicht auf diesem Weg an die Belohnung gelangt. Unten befindet sich eine größere Öffnung, durch welche die Belohnung herausfallen kann, sobald alle Stäbe entfernt sind. Der Hund soll nun lernen, einen Stab nach dem anderen herauszuziehen, um schließlich an den Ball oder das Futter zu gelangen. Das Gerät muss standsicher sein, damit es nicht umfallen kann, wenn der Hund an den Stäben zieht.

Zum Anlernen wird zunächst nur ein Stab eingesteckt, damit der Hund, sobald er diesen herausgezogen hat, an die Belohnung kommt, die unten herausfällt. Allmählich wird dann ein Stab nach dem anderen hineingesteckt, sodass der Hund eine Reihe von Aktionen zeigen muss – das Herausziehen der Stäbe oder Stangen –, bevor er an die Belohnung kommt. Will der Hund die Stangen nicht gern herausziehen, kann man sie ihm zunächst einzeln ins Maul geben und dafür belohnen, wenn er sie festhält. Anschließend werden sie wieder eingesteckt.
Dann gibt man das Hörzeichen zum Apportieren. Greift der Hund nun nach der Stange und will sie bringen, wird er sofort dafür belohnt.

Motivierte Hunde, die dieses Prinzip begriffen haben, können in atemberaubender Geschwindigkeit die Stangen herausziehen, um an die Belohnung zu kommen. Wenn Sie dieses Spielgerät nachbauen wollen, achten Sie darauf, dass die Stäbe aus ungiftigem Material oder mit ungiftiger Farbe gestrichen sind, da sie vom Hund ins Maul genommen werden.

Hier wird das selbst konstruierte Geschicklichkeitsspiel vorgestellt.
Insgesamt vier Stäbe müssen nacheinander herausgezogen werden. Der Ball rutscht dabei jeweils eine Stufe tiefer, bis er hinausrollt. Hunde, die dieses Spiel schon beherrschen, ziehen in atemberaubender Geschwindigkeit die Stäbe heraus, um an ihr Spielzeug oder ein Leckerli zu kommen.

Tipps zum Weiterlesen

Carsten Bainski
Die neue Welpenschule
Müller Rüschlikon, Stuttgart 2011

Martina Balzer
Mein Hund gesund durch Frischfütterung
Müller Rüschlikon, Stuttgart 2013

Ursula Breuer/Monika Schaal
Hundeverhalten – erkennen und verstehen
Müller Rüschlikon, Stuttgart 2006

Micaela Köppel
Dogdance – Der kreative Hundesport
Müller Rüschlikon, Stuttgart 2008

Gabriele Lehari
400 Hunderassen von A–Z
Ulmer, Stuttgart 2013

Gabriele Lehari/Uta Reichenbach
Der zuverlässige Begleithund
Oertel+Spörer, Reutlingen 2013

Gabriele Niepel
Welpenspielstunde
Müller Rüschlikon, Stuttgart 2011

Uta Reichenbach
Wie Hunde kommunizieren
Oertel+Spörer, Reutlingen 2011

Uta Reichenbach
Kelpie
Oertel+Spörer, Reutlingen 2012

Martin Schlockermann/Petra Krivy
Turnierhundsport
Müller Rüschlikon, Stuttgart 2009

Annette Schmitt
Fit & fidel – Fitnessprogramm für graue Schnauzen
Müller Rüschlikon, Stuttgart 2012

Armin Schweda/Tanja Schweda/Astrid Nestler
Von der Basis bis zum erfolgreichen Mantrailing: Finden statt suchen
Müller Rüschlikon, Stuttgart 2012

Sinnvolle
Beschäftigung
Die Hundeschule

Autorenporträts

Uta Reichenbach lebt seit ihrer Kindheit mit Hunden zusammen. Vor 15 Jahren entdeckte sie ihre Leidenschaft für den damals noch bei uns sehr seltenen Kelpie. Heute zählen fünf Kelpies zu ihrem Hunderudel. Seit 1983 ist sie im VSGH Reutlingen-Betzingen e.V. mit ihren Hunden aktiv. 1993 kam sie auf die Idee, die Hundesportart Agility im VSGH zu etablieren. Seitdem gibt sie nicht nur Basiskurse für Mensch-Hund-Teams, sondern auch Trainingskurse für Agility. Seit 1998 ist sie Agility-Richterin und nimmt auch selbst an Agility- und Obedienceturnieren teil. Durch ihre Tätigkeit als Hundetrainerin hat sie mit den unterschiedlichsten Vierbeinern zu tun. Hunde richtig zu verstehen und sie sinnvoll zu beschäftigen sind elementar für ihre Arbeit. Uta Reichebach hat mehrere Bücher zu Themen wie Erziehung, Hundesport und Kommunikation mit Hunden geschrieben.

Dr. Gabriele Lehari ist Biologin. Seit in den 1980er-Jahren der erste Hund bei ihr einzog, kann sie sich ein Leben ohne Hund nicht mehr vorstellen. In den 1990er-Jahren hat sie ihre Leidenschaft mit ihrem Beruf verbunden. Seitdem ist sie im Verlagswesen tätig, hat zahlreiche Sachbücher und Artikel für Fachzeitschriften – unter anderem rund um das Thema Hund – geschrieben und bebildert und ist auch als Lektorin tätig. Durch ihren Beruf hat sie immer wieder mit den unterschiedlichsten Hunden und ihren Menschen zu tun und lernt so ständig Neues über das Verhalten von Hunden und deren Bedürfnissen. Mit Uta Reichenbach hat sie bereits mehrere Bücher und Artikel verfasst.

Unsere Erfolgsreihen auf einen Blick

Die Reitschule *(Auswahl)*

Heinrich Bergmann-Scholvien, **Arbeit an der Doppellonge**, ISBN 978-3-275-01805-5
Urte Biallas, **Bodenarbeitskurs**, ISBN 978-3-275-01830-7
Monika Hannawacker, **Zirkuslektionen**, ISBN 978-3-275-01831-4
Marlit Hoffmann, **Reiterrallyes – Reiterspiele**, ISBN 978-3-275-01850-5
Ute Holm/Carola Steen, **Westernreiten für Einsteiger**, ISBN 978-3-275-01858-1
Hannelore Leiser, **Voltigieren für Einsteiger**, ISBN 978-3-275-01856-7
Jutta Plötz, **Islandpferde – halten, pflegen, reiten**, ISBN 978-3-275-01829-1
Angelika Schmelzer, **Pferde erziehen**, ISBN 978-3-275-01709-6
Britta Schön, **Mein erster Turnierstart**, ISBN 978-3-275-01777-5
Viviane Theby, **So lernen Pferde**, ISBN 978-3-275-01804-8
Sigrid Weppelmann/Sandra Mensmann, **Longieren**, ISBN 978-3-275-01727-0
Sigrid Weppelmann, **Basispass Pferdekunde**, ISBN 978-3-275-01750-8
Inga Wolframm, **Angstfrei reiten**, ISBN 978-3-275-01729-4

Die Hundeschule *(Auswahl)*

Annegret Bangert, **Begleithundprüfung**, ISBN 978-3-275-01779-9
Ann-Sophie Griebel, **Clicker-Training**, ISBN 978-3-275-01714-0
Micaela Köppel, **Spiel und Spaß für jeden Tag**, ISBN 978-3-275-01732-4
Petra Krivy/Angelika Lanzerath, **Darf der das?**, ISBN 978-3-275-01835-2
Petra Krivy/Angelika Lanzerath, **Einer geht noch ...**, ISBN 978-3-275-01863-5
Petra Krivy/Angelika Lanzerath, **Was ein Welpe lernen muss**, ISBN 978-3-275-01689-1
Petra Krivy/Angelika Lanzerath, **Hunde verstehen**, ISBN 978-3-275-01756-0
Petra Krivy/Angelika Lanzerath, **Gut erzogen von Anfang an**, ISBN 978-3-275-01731-7
Petra Krivy/Angelika Lanzerath, **Mein Hund im Flegelalter**, ISBN 978-3-275-01810-9
Uta Reichenbach/Tanja Sinner, **Agility**, ISBN 978-3-275-01660-0
Monika Schaal/Ursula Breuer, **Gastfreundlich**, ISBN 978-3-275-01862-8
Monika Schaal/Ursula Breuer, **Komm zu mir!**, ISBN 978-3-275-01623-5
Monika Schaal/Ursula Daugschieß-Thumm, **Lockere Leine**, ISBN 978-3-275-01621-1
Andrea Schmidt/Gunter Mattes, **Flyball**, ISBN 978-3-275-01912-0
Beate Schwarz, **Dummy-Training**, ISBN 978-3-275-01690-7
Manuela van Schewick, **Apportieren mit Spaß**, ISBN 978-3-275-01754-6

happy cats *(Auswahl)*

Sylvia Born, **Katzenkinderstube**, ISBN 978-3-275-01864-2
Nina Ernst, **Zufriedene Stubentiger**, ISBN 978-3-275-01760-7
Gabriele Müller, **Miau – Katzensprache richtig deuten**, ISBN 978-3-275-01782-9
Gabriele Müller, **Katzenspiele**, ISBN 978-3-275-01811-6
Annette Thomée, **Gesunde Katze**, ISBN 978-3-275-01839-0

Jedes Buch mit 96 Seiten,
ca. 80 Abb., broschiert,
je **€** 9,95/CHF 18,90/**€**(A) 10,30